宁夏张杂谷种植
农业气象适用技术手册

刘 静 赵治海 叶世峰 杨建勇 主编

内容简介

作者根据十多年的张杂谷气象研究成果和气象服务经验,结合张杂谷在河北省原产地的表现和栽培管理技术经验,编写了本手册。本书主要内容有张杂谷品种在宁夏的种植表现、经济可行性、气候适宜性区划,以及宁夏适合栽培的张杂谷品种简介和基于气象条件的栽培管理技术。本书实用性强,通俗易懂,操作简便,适合乡村干部、农民、科技示范户和技术人员阅读,也可供从事农业科研、技术推广工作的人员和农业院校师生参考。

图书在版编目(CIP)数据

宁夏张杂谷种植农业气象适用技术手册 / 刘静等主编. — 北京:气象出版社,2020.5
ISBN 978-7-5029-7203-5

Ⅰ.①宁… Ⅱ.①刘… Ⅲ.①农业气象-气象服务-关系-小米-栽培技术-宁夏-技术手册 Ⅳ.①S515-62②S165-62

中国版本图书馆 CIP 数据核字(2020)第 073245 号

宁夏张杂谷种植农业气象适用技术手册
Ningxia Zhangzagu Zhongzhi Nongye Qixiang Shiyong Jishu Shouce

出版发行:气象出版社	
地　　址:北京市海淀区中关村南大街46号	邮政编码:100081
电　　话:010-68407112(总编室)　010-68408042(发行部)	
网　　址:http://www.qxcbs.com	E-mail:qxcbs@cma.gov.cn
责任编辑:马　可	终　　审:吴晓鹏
责任校对:张硕杰	责任技编:赵相宁
封面设计:博雅思企划	特邀编辑:周黎明
印　　刷:三河市君旺印务有限公司	
开　　本:889 mm×1194 mm　1/32	印　　张:3.125
字　　数:76千字	
版　　次:2020年5月第1版	
印　　次:2020年5月第1次印刷	
定　　价:30.00元	

本书如存在文字不清、漏印以及缺页、倒页、脱页等,请与本社发行部联系调换

《宁夏张杂谷种植农业气象适用技术手册》编委会

主　编：刘　静　　赵治海　　叶世峰　　杨建勇

编　委：王晓东　　程炳文　　张学艺　　景　博

　　　　张立新　　李海洋　　陆小军　　王　峰

　　　　杜　鑫　　陆耀辉　　官景得　　马国飞

　　　　朱永宁　　张　权　　赵维忠　　毛万忠

　　　　赵兔祥　　周　斌　　苏　续　　刘维斌

　　　　席国术　　杨立文　　黄　峰　　马力文

　　　　杭启霞　　李旭俊　　王彩平　　赵占梅

前　言

宁夏西海固是全国典型的贫困地区,长期被列为国家级贫困区。该地区位于黄土高原丘陵沟壑的山区,生态环境脆弱,水土流失严重,部分地区水源涵养功能差,基础设施落后,经济社会发展水平低,长期保持以雨养农业为主导的相对封闭的发展模式。由于其处在季风边缘区,对气候变化敏感。随着全球气候变暖,严重干旱的频率增加,对当地生态环境造成严重影响,人民生存及经济社会发展面临着极大威胁。谷子是宁夏中南部山区主要杂粮作物,种植历史悠久,遇到特别干旱的年份,谷子是当地农民抵御干旱、维持生计的主要依靠。

张杂谷是张家口市农业科学院从1969年开始选育的系列新品种,通过两系杂交育种等一系列技术,使谷子具有了根系发达、抗旱性强、适应性广、优质高产等特点,目前已经育成十余个品种。因其抗旱、高产、稳产的特点,在全国11个干旱省(区)累计推广2000万亩,累计增产粮食40亿kg。通过"南南合作"项目在9个非洲国家推广,为解决非洲饥荒做出了突出贡献。

2010—2012年,宁夏回族自治区气象局获得世界银行全球环境基金(GEF)适应气候变化农业开发项目资助,开展了宁夏中部干旱带节水型高效农业技术研究与示范研究,引种了适合宁夏种植的旱作、灌溉杂交谷新品种,2010年张杂谷3号实产达到450 kg/亩,比当地小红谷增产3倍。2011年宁夏中部干旱带遭受了严重的干旱，气象资料显示，同心县自2月1日至5月8日连续97天没有出现降水量超过5 mm的有效降水，240亩喷灌张杂谷5号测产达到431 kg/亩，35亩旱作张杂谷3号测产仍达183 kg/亩，而当地旱作地膜玉米绝产，初步显示出张杂谷在宁夏引种的抗旱节水和增产增收潜力，对助力脱贫有着良好的示范推广前景。2012年，宁夏回族自治区气象科学研究所获得了科技部农业成果转化资金的资助，开展了宁夏干旱半干旱区高产张杂谷引种的农业气象适用技术示范推广。2014年，在宁夏农业综合开发办公室土地治理项目的资助下，又开展了红寺堡农业综合开发高优张杂谷的示范推广。项目期间，安排各类试验研究18项，分布在宁夏从南到北的7个地区，涵盖了传统灌区、扬黄灌区、中部干旱带旱作山地、干草原风沙区和固原阴湿山区等不同生态区和气候类型，初步取得了各地引种不同品种张杂谷的适宜气候区划、所需的积温、需水量、节水补灌方案、适宜播种期、适宜栽培密度、最佳间苗定苗期、药剂除草、机械播种和收获、病虫鸟害防治等引种和推广示范中出现的一系列技术问题的解决方法，形成了张杂谷推广的全程农业气象保障服务技术和简化栽培管理技术。项目获2018年度中国气象学会气象科学技术进步成果二等奖。

为满足广大农业生产者、农业合作社和生产经营者对农业科技成果日益增长的需求，编者根据在张杂谷气象上多年的试验研究成果，结合张杂谷在河北省原产地的表现，并结合了栽培管理技术人员的大量经验，按照通俗易懂、简单实用的原则，编写完成了本技术手册，便于乡村干部、农民、科技示范户和技术人员阅读，也适合农业科研、技术推广工作的人员和农业院校广大师生参考。

编者

2019年10月8日

目 录

前言

第1章 概述 …………………………………………… (1)
 1.1 张杂谷简介 ………………………………………… (1)
 1.2 张杂谷的特点 ……………………………………… (4)
 1.3 宁夏引种张杂谷的过程简述 ……………………… (9)

第2章 张杂谷在宁夏种植的表现 …………………… (13)
 2.1 不同品种谷子旱作生长性状、产量和品质的比较 … (13)
 2.2 旱作张杂谷试验示范情况 ………………………… (18)

第3章 宁夏种植张杂谷的气候可行性分析 ………… (24)
 3.1 宁夏的气候背景 …………………………………… (24)
 3.2 宁夏的农业气候资源 ……………………………… (25)
 3.3 宁夏种植张杂谷的必要性及气候可行性分析 …… (27)

第4章 宁夏发展张杂谷的经济可行性 ……………… (30)
 4.1 种植张杂谷的成本效益及前景分析 ……………… (30)
 4.2 种植张杂谷的风险分析 …………………………… (34)

第5章 宁夏张杂谷气候适宜性区划 ………………… (39)
 5.1 张杂谷生产的农业气象指标 ……………………… (39)

5.2 宁夏引种张杂谷系列品种的综合气候满足率 ……… (42)

5.3 宁夏发展张杂谷的适宜农业气候区划 ……… (46)

第6章 张杂谷栽培技术及水肥管理 ……… (50)

6.1 张杂谷栽培要点 ……… (50)

6.2 张杂谷对水肥料的要求 ……… (62)

6.3 谷莠子形成原因及消除方法 ……… (65)

6.4 张杂谷主要病虫害 ……… (68)

6.5 机械化简化栽培管理 ……… (74)

第7章 宁夏适合栽培的张杂谷品种介绍 ……… (78)

7.1 张杂谷3号 ……… (78)

7.2 张杂谷5号 ……… (79)

7.3 张杂谷6号 ……… (81)

7.4 张杂谷8号 ……… (82)

7.5 张杂谷9号 ……… (83)

7.6 张杂谷10号 ……… (84)

7.7 张杂谷12号 ……… (85)

7.8 张杂谷13号 ……… (86)

7.9 张杂谷19号 ……… (87)

参考文献 ……… (89)

第1章 概 述

1.1 张杂谷简介

谷子是一年生草本植物,广泛分布在欧亚大陆及北美洲的温带和热带,主要分布在东亚、中亚、地中海沿岸、欧洲及北美等地区,是世界上人工种植最早、分布最广的植物之一。我国谷子种植区主要分布于全国大部分省区,栽培种主要分布在黄河中上游、黄土高原、内蒙古高原及华北、东北地区。

谷子是单子叶植物,株高一般在 60~120 cm,茎粗壮,中空有节。叶片呈狭长披针形,有明显的中脉和小脉,叶片上有细毛。穗状为圆锥花序,顶生。穗长一般为 20~30 cm,小穗成簇聚生在三级支梗上,小穗基本有刺毛。每穗可结实成百上千粒,多者近万粒。谷穗成熟后一般呈金黄色,稃壳有白、红、黄、黑、橙、紫等多种颜色,子实极小,卵圆形,多为黄色,直径在 0.1 cm 左右,千粒重在 3 g 左右。经脱粒、打碾、去掉麸皮后的籽粒供人食用,俗称小米。

谷子是我国栽培历史最悠久的粮食作物之一,中华民族自有文字记载的历史开始,最早记录的人工栽培作物就是谷子,古代称之为稷或粟,有七千多年的人工栽培史。考古表明,粟是中华民族最早培育、人工栽培的粮食作物之一,在炎帝、黄帝时期就已被广泛食用,内蒙古红山文化、兴隆沟遗址、河北省磁山、河南省裴里岗、沙窝李遗址都出土过大量古代先民种植的谷子,是最早的人工驯化栽培区域。我国北方农耕文化的发展史就是从谷子开始的,早在商周时期,《周礼·职方式》就将河北、山西、内蒙古东部、河南北部、山东西部、陕甘宁地区列为适宜种植区域。时至今天,这些地区仍然是我国谷子的传统产区,宁夏固原就出土过上千年以前储备的谷仓。

谷子曾是我国的五谷之首,因其耐旱、耐瘠,在我国北方长期占据着种植面积最大的龙头地位,养育了中华民族世世代代。然而,由于传统谷子的产量低,加上饮食结构的改变,谷子已从传统主食的地位逐渐退居小杂粮的位置。与此相对应,我国谷子的种植面积已从解放初期的 1.49 亿亩①逐渐缩减到目前的两千万亩,仅是建国初期的八分之一。造成这种变化的根本原因除了饮食结构的改变以外,主要与传统谷子的产量低,种植效益差,栽培管理过程繁杂,除草、收割等关键环节不容易实现机械化操作,机械收割损失大,人工收割、打碾投入成本高,劳动强度大等一系列问题有关。

为了从根本上提高谷子产量,解决我国中低产田粮食产量徘徊不前的局面,张家口市农业科学院(简称农科院)谷子研究所从 1969 年开始,投入科研力量长期从事谷子杂交优势利用研究,经过三代人 50 年来持续不懈的努力,先后攻克了张杂谷的不育系、恢复系、杂交种选育、制种和良种繁育、远缘种质利用、提高米质等关键技术

---

① 1 亩 ≈ 666.7 m^2,下同。

难题30多个,在国内首次培育成功"张杂谷"系列品种,并在生产上大面积推广应用,使传统低产的谷子产量翻几番,效益翻几番,区域产量突破了800 kg/亩,谷穗长达30 cm以上,每穗粒数由传统的几千粒上升到万粒以上,改变了人们对谷子低产低效的传统认识。"张杂谷"系列杂交种选育的成功,为谷子产业的大发展提供了创新性科技支撑,先后获得国际领先水平成果5项,国际先进水平成果1项,国家科学技术进步奖二等奖1项,省部级科学技术进步奖多项。近年来张杂谷系列品种在国内推广面积迅速扩大,并走出国门,成为我国援助非洲的"南南合作"项目,在非洲多个国家安家落户,为解决非洲粮食危机提供了一条很好的出路。

"张杂谷"的高产表现在国内外引起了巨大反响。国内一些著名专家和学者、省市领导、联合国粮农组织的官员给予了高度评价。联合国秘书长行政办公室高级顾问Fred Dubee先生2008年9月在考察杂交谷子时说:"当我看到你们所取得的成就,我马上意识到这对减少饥荒,保证足够的食物,将是一个无比巨大的贡献"。2009年6月1日,联合国粮农组织总干事雅克·迪乌夫先生在张家口考察杂交谷子时,表示希望把"张杂谷"作为联合国粮农组织与中国政府"南南合作"的核心项目,以帮助更多的缺粮国家解决吃饭问题。中国科学院院士杨焕明先生在接待联合国考察组座谈会时认为,杂交谷子是对中国乃至世界解决粮食危机问题、应对全球性气候变化具有前瞻性意义。赵治海先生在全国人民代表大会期间,先后向温家宝总理、李克强总理汇报了张杂谷的发展,两任总理手捧硕大的谷穗,充分肯定了我国张杂谷研究与推广的成果。

1.2 张杂谷的特点

张杂谷系列品种根系发达、抗旱性强、适应性广,具有比常规谷子品种明显高产的优异性状,品质优异。张杂谷具有抗病,耐贫瘠,省工,省时,田间缺苗补偿能力强,适宜机械化作业等诸多优点,尤其适合我国西北干旱、半干旱的黄土高原丘陵沟壑和贫瘠、极度缺水地区大面积、机械化种植。2007 年,张杂谷 5 号在河北省张家口地区创造了我国谷子单产的最高纪录,亩产达到 810 kg。张杂谷全生育期需水量在 500 mm 以下,特别是在宁夏中南部山区降水量 400 mm 左右的地区,地膜张杂谷的产量表现优异,效益明显高出当地的其他作物,特别是在 2011 年、2017 年严重干旱情况下,张杂谷仍能获得一定的产量和效益,而当地旱作地膜玉米几乎绝产。在当今全球气候变暖,水资源紧缺,干旱加剧的情况下,张杂谷的成功种植和优异表现,为保障粮食安全提供了有力的技术支撑。总结起来,具有以下五大优势。

1.2.1 高产稳产

张杂谷 3 号、5 号、6 号、8 号、10 号、12 号和 13 号一般亩产可达 400～500 kg,较常规谷子品种增产 200%～300%。2003—2004 年,张杂谷 3 号参加了全国春谷区的区试,单产分别达到 338.7 kg/亩和 297 kg/亩,比对照品种大同 14 号增产 20% 以上,列区试品种第一位。2006 年,张杂谷示范推广 25 万亩,平均亩产 400 kg,最高 650 kg/亩。2007 年示范推广 40 万亩,平均亩产 400 kg,张家口市下花园区武家庄村示范种植的 320 亩张杂谷 5 号平均亩产 650 kg,亩均收入在 1500 元以上,收益明显高于玉米。示范户武尚经种植的 12 亩张杂谷 5 号示范田,经公证处公证,实产 810 kg/亩,创谷子单产世界纪录。2008 年全国总计推广杂交谷 70 万亩,亩产 400 kg。2007—2008 年,河北省巨鹿县累计种植张杂谷 8 号 10 万亩,平均产量 400~500 kg/亩,经县科技局、农业局、公证处对 17 户农民定点调查,示范户平均产量 650 kg/亩,最高达到 723 kg/亩。山西省偏关县累计种植旱作张杂谷 3 号 4.5 万亩,平均产量 425~450 kg/亩,最高 600 kg/亩。2009 年,河北省宣化县赵川镇黄土坡村刘跃祥种植的 1.35 亩张杂谷 5 号实产 777.7 kg/亩。河北丰宁县大阁镇林营村王占宝种植的 4.2 亩张杂谷 5 号产量达 832 kg/亩,刷新了该品种 2007 年创造的高产纪录。2010 年,经当地公证处公证,山西省静乐县神峪沟乡木树头村吕桃拴种植的 8 亩张杂谷 3 号平均亩产高达 843 kg/亩,丰润镇步六社村李俊生种植的 7 亩张杂谷 6 号平均单产 755 kg/亩。承德市隆化县种植的 10130 亩张杂谷平均产量 508.6 kg/亩。2011 年,中央电视台新闻联播中播出农业部消息,杂交谷大面积高产获得成功,百万亩平均单产超过 400 kg/亩,比常规品种增产一倍以上。

宁夏光热资源比原产地优越,张杂谷在宁夏也有不俗的表现。2010 年,同心县韦州镇红城水宁夏农业综合开发万亩节水喷灌区首次引种张杂谷 3 号、5 号和 6 号,喷灌条件下张杂谷 3 号小区测产达 733.7 kg/亩,5 号和 6 号达到 644.8 kg/亩。当年旱作示范张杂谷 5 号和 8 号,产量均为 188.6 kg/亩。2011 年,在该喷灌区中试张杂谷 5 号 240 亩,实产达到 431.1 kg/亩。红寺堡鲁家窑喷灌区被列为红寺堡工业园区，土地面临随时被征用，农户张宏志分别种植了500亩张杂谷3号，由于投入动力不足，加上种植面积大，管理粗放，在不打药，不除草的情况下，500亩张杂谷3号亩产仍达到317.6 kg/亩。旱作栽培张杂谷3号也有不俗的表现。2011年，同心县下马关干旱十分严重，持续90多天无有效降水，秋覆膜玉米株高仅1.2 m，基本枯死绝产，甚至马铃薯也因缺水而枯死，但下马关镇刘家滩村农户李海彦种植的35亩张杂谷3号亩产仍达183 kg/亩。2011年，张家树村的村主任刘永种植的张杂谷3号创了当地旱作谷子的高产纪录，达到300 kg/亩以上，在当地引起了轰动。2014年，吴忠市马道渠乡巴浪湖村示范户马力波种植张杂谷5号50亩，经国家调查总队宁夏调查队农业调查处标准抽样调查和实割实测，平均400 kg/亩，最高550 kg/亩。2018年，在宁夏固原彭堡镇新星土地合作社种植张杂谷系列品种试验示范1000亩，平均单产达到了400 kg/亩以上，3个品种产量突破了600 kg/亩，最高张杂谷19号达到627 kg/亩，创造了宁夏大面积高产纪录（如图1.1所示）。2019年，中部干旱带农民自发种植张杂谷已维持到5万亩以上，固原市政府将张

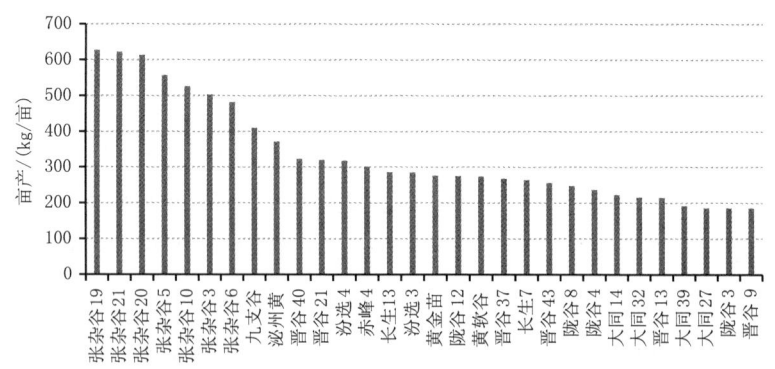

图1.1　2018年固原彭堡镇各品种比较试验的产量表现

杂谷作为脱贫新产业加大扶持力度,免费发放张杂谷籽种,2019年种植面积扩大到2.7万亩以上,并扶持相关种植大户和加工大户,张杂谷产业已初具规模,由于前期降水充沛,张杂谷长势较好,根据固原市种子站调查,2019年产量突破300 kg/亩,2020年计划种植10万亩,脱贫效果明显。

1.2.2 米质优良口感好

目前推广的张杂谷5号、10号、12号、13号均被中国作物学会粟类作物专业委员会评为国家一级优质米,口感香甜柔软,香味浓郁,营养丰富。其中张杂谷5号粗蛋白含量12.81%,粗脂肪含量3.38%,直链淀粉含量14.46%,胶稠度138 mm,维生素B_1含量达到6.6 g/kg,市场售价明显高于一般常规谷子品种。

2011年宁夏引种的谷子品种化验结果表明,旱地示范田粗蛋白含量达到12.0%,韦州喷灌地在10.0%~12.0%。从各试验粗脂肪对比来看,除张杂谷6号外,其他张杂谷品种均在4.0%~4.3%,旱作高达4.5%,远高于河北。

1.2.3 节水耐旱

"唯见青山干死木,不见地里旱死谷"是对谷子耐旱性的生动写照,而张杂谷系列品种比一般谷子品种更具耐旱性。据甘肃会宁试验,谷子生育期间仅有100 mm的降水量,但种植的张杂谷3号和5号亩产250 kg/亩,而其他作物如玉米、甘薯、小麦等在此降水条件下基本绝收。目前我国粮食作物的水分利用效率平均为0.5 kg/mm,世界最高水平为0.8~1.0 kg/mm,而张杂谷系列品种已达到1.0~

1.5 kg/mm,耐旱性高于目前世界上大多数栽培作物。

2011年,在下马关刘家滩开展的旱作张杂谷品种比较试验表明,在遭遇90多天无有效降雨的严重干旱情况下,各参试品种仍能取得124.5~200 kg/亩的产量,其中张杂谷3号、6号早熟品种在迟播18天条件下正常成熟,亩产分别为200 kg/亩和191.1 kg/亩。

1.2.4 适应性强

谷子生物适应性极强,我国北起黑龙江省黑河市,南至海南岛崖县,西起新疆,东至台湾都有种植。但是,就某个品种而言,由于其感温性、感光性相对严格,区域适宜性相对较窄,适宜面积相对较小,因此业内人士有"谷子腿短"的说法。而张杂谷的选育成功,打破了这一传统适应界限,使一个品种的适应环境能力提高。以张杂谷3号为例,在我国河北、山西、陕西、甘肃北部、内蒙古、辽宁、黑龙江,以及埃塞俄比亚等地种植均有上佳的表现,多地、多点出现高产典型地块,其中不乏500 kg/亩以上的记录。

1.2.5 省工省时

目前推广的谷子杂交种转育了抗专用除草剂的基因,因此在谷子3~5叶期,喷洒专用除草剂可同时杀死一年生单子叶杂草和非杂交种苗,方便易行,与传统种植谷子相比,显著减少了人工间苗、定苗和除草的用工成本。

制种田增收显著:谷子制种的经济收入在1500元左右,较常规品种田增收一倍以上,其操作过程也相对简单,随着张杂谷面积的逐年增加,用种量必然随之增加。宁夏中南部山区虽然是传统的谷子种植区,但近年来种植面积很小,种植区域分散,特别是传统灌区和中南部山区的扬黄灌区基本没有种植,发展张杂谷制种产业条件得天独厚,品种混杂率基本为零,制种纯度高,产量高,效益好,大力发展谷子制种业将会开辟一条新的增收渠道。

张杂谷解决了旱地粮食高产问题,结合农业供给侧结构性调整,在宁夏气象部门的全程农业气象服务和农业气象灾害监测预警服务的基础上,十年九旱的宁夏中南部山区,旱地产量维持在287~435 kg/亩,毛收入1443~3393元/亩,带动宁夏种植20万亩,增收4亿元以上。形成了产业链,把小谷子做成了大产业,数十万贫困山区的农民通过种植张杂谷实现了脱贫致富。

1.3 宁夏引种张杂谷的过程简述

张杂谷在宁夏安家落户已有10年。近百年来全球平均气温上升了0.74 ℃,我国升高了1.1 ℃。近50年来我国降水的分布发生了明显变化,高温、干旱、强降水频率增加,强度增大,对生态环境和人类生存环境造成了严重的影响。宁夏被毛乌素、腾格里和乌兰布和三大沙漠包围,对气候变化极为敏感。在全球气候变化背景下,宁夏气候也发生了明显的变化,干旱、夏季高温、暴雨、冰雹、干热风等自然灾害不断发生且频率和强度在增加,地表径流持续减少,土地沙化、草原退化严重,病虫害增多,对农林牧业、生态环境、人畜饮水等多方面造成的影响越来越重。

根据宁夏气候变化及其对农业生产的影响研究,气候变暖对宁夏的农业生产有利有弊,但弊大于利。有利的一面是随着气候变暖,宁夏的热量资源增加,农作物可利用生长季延长,种植生育期长的晚熟作物品种有一定增产潜力。不利的一面是气候变暖将导致宁夏降水资源减少。近50年来,宁夏400 mm等雨量线南退了50 km,中部干旱带年平均降水量289 mm,蒸发力却高达1250 mm以上。全区人均多年平均水资源可利用量为687 m³,不足全国平均的三分之一,有170万的农村人口饮水不安全。随着工业化、城镇化进程以及人民生活质量的提高,生活、生产和生态用水呈刚性增长,水资源供需矛盾日益突出。

宁夏作为中国适应气候变化项目试点省区之一,加强气候变化科学研究与适应气候变化的对策研究,按照气候变化的规律合理调整农业产业结构与作物布局,优化水资源配置,大力开展节水农业,提高水资源利用效率,对实现当地农民脱贫致富有很大作用。根据水土资源潜力、土地和气候承载力的变化趋势规划作物布局,实现人口、资源、环境的协调发展,大力实施生态移民、节水补灌、水源涵养、种植业结构调整、特色农业等重点工程,可增强中南部山区农业发展潜力和脱贫步伐。

在此背景下,2009—2011年,宁夏气象科学研究所在宁夏利用全球环境基金赠款"适应气候变化农业开发"项目的资助下,开展了宁夏中部干旱带节水型高效农业综合实用技术示范与推广项目,根据当地历史气候变化事实,结合未来气候变化趋势,在气候变化对当地农业生产影响评估的基础上,开展适合当地的农业适应气候变化实用技术试验研究与技术示范。通过项目的实施,发现宁夏非常适合种植杂交谷,产量是当地传统谷子的2~3倍,旱作能达到180 kg/亩以上,最高能突破350 kg/亩,如果能在关键期灌溉一两次,产量有可能突破 500 kg/亩。种植张杂谷收益好,谷子价格高,实现农业增产、农民增收,可带动当地农民脱贫致富,摆脱贫困的威胁,增强适应气候变化的能力,实现移民搬得进、稳得住、能致富的目标。发展张杂谷产业,可为宁夏中南部干旱贫困山区找到一条农业适应气候变化的出路,对促进整个宁夏农业经济的发展,增强抗灾减灾能力都有很大意义。

为使张杂谷在宁夏真正落户,必须要对宁夏适合发展张杂谷的区域,每个区域适合种植的张杂谷品种,谷子生长发育的热量资源,水分资源,适宜的光、温、水农业气象条件,种植过程中出现的各种农业气象灾害、病虫害,农业生产管理过程中出现的一系列生产实际问题进行系列研究,找到解决问题的办法,摸索出成本低、劳力少、栽培管理简化、全程机械化等可操作实用技术,实现产量高、品质优、售价高、管理简单、省劳力,才有持续发展壮大的可能。为此,宁夏气象科学工作者在宁夏从南到北的 7 个地区共安排各类试验研究 18 项,针对上述问题开展了广泛研究,初步取得了各地适宜栽培的张杂谷品种区划、所需的积温、需水量、关键需水期、节水补灌方案、适宜播种期、适宜栽培密度、最佳间苗定苗期、药剂除草、化学药剂间苗定苗、机械播种、机械收获、病虫鸟害防治等一系列技术问题的解决方法,形成有利于张杂谷推广的全程农业气象保障服务技术和简化栽培管理技术。

2010—2017 年间,累计推广张杂谷系列品种 3 万亩,辐射种植 20 万亩,毛收入可达 1530 元/亩,亩均效益近千元,农民依靠种植张杂谷增收远高于当地其他作物。初步形成了政府重视,政策引导,群众自发参与,产供销一条龙服务格局,截至 2017 年,宁夏已推广张杂谷系列品种近20万亩。

随着气候变暖,宁夏中南山区谷子种植格局发生较大的改变,然而却带来了一些问题。一方面,气候变暖增加了农业气候资源量。另一方面,气候变化增加了诸多的不稳定性。主要存在的问题有:①盲目引种情况时有发生。为了充分利用气候资源,很多农户不顾气候风险盲目引种,造成较大损失。②盲目扩大种植面积。尽管张杂谷适应性广,但并不是所有地区都能正常成熟,获得较高的产量,因此必须开展气候适宜性研究,对充分利用气候资源可起到指导作用。③生产布局分散,集约化水平差。不利于谷子产业的发展。④气候资源利用率低。一方面盲目引种造成作物不能正常成熟,另一方面,在种植范围、种植品种和种植结构等方面存在诸多不合理现象,造成气候资源没有充分利用,气候资源利用率低的现象。笔者依据多年的试验和示范研究成果,总结出了一套适宜宁夏发展的张杂谷系列品种和适宜区域,对宁夏谷子生产起到指导作用。

第 2 章 张杂谷在宁夏种植的表现

2.1 不同品种谷子旱作生长性状、产量和品质的比较

2010 年,根据农业气候相似理论,从河北、山西、甘肃选取 11 个谷子品种,进行引种试验。供试品种为内蒙古的 06－218,甘肃的陇谷 10 号、陇谷 11 号,山西的晋谷 31 号、大同 14 号、大同 29 号、大同 32 号,河北的张杂谷 3 号、张杂谷 5 号、张杂谷 6 号、张杂谷 8 号。根据国家谷子区域试验规范,种植行距 50 cm,株距 3.3 cm,每小区种 9 行。设计密度 4.0 万株/亩,受土壤干旱的影响,实际出苗密度仅 1 万～2 万株/亩。4 月 24 日播种,5 月 7 日出苗。3～4 叶期间苗,5～6 叶期定苗,锄开沟种植,定苗后壅土。随机区组排列,重复三次。小区面积 20 m^2(5 m×4 m),收获 13.4 m^2。

旱地谷子品比试验结果表明,正常密度下,张杂谷 3 号、5 号、6 号产量均在 100 kg/亩以上,06－218、大同 32 号也在 100 kg/亩以上,其他参试品种因密度设计比正常少一半,产量普遍在 100 kg/亩以下。旱地谷子示范田因密度正常,虽然单株穗长、穗粗不如品种试验中的表现好,但亩产量 161.6～210 kg/亩,比品试产量高,按照收购 3.4 元/kg 计算,毛收入 550～714 元/亩,远高于当地旱地冬小麦的收益(如表 2.1 所示)。

表 2.1 旱地谷子试验与示范产量及相关穗粒性状比较

品种	株高/cm	穗长/cm	小穗数/个	穗粗/cm	苗密度/(株/亩)	籽粒重/(kg/株)	茎秆重/(kg/株)	籽粒产量/(kg/亩)	茎秆产量/(kg/亩)	经济系数
大同 29 号	82.5	17.3	15.1	1.9	9560	0.14	0.20	44.6	63.7	0.41
06—218	91.3	13.3	14.9	2.1	14896	0.20	0.16	165.5	132.4	0.56
陇谷 10 号	83.4	15.5	15.0	1.6	11895	0.10	0.08	62.6	50.1	0.56
陇谷 11 号	85.3	18.1	19.3	1.9	9116	0.29	0.19	81.5	53.61	0.60
晋谷 31 号	76.4	12.7	13.9	1.5	13007	0.19	0.18	68.5	64.45	0.51
大同 32 号	65.6	10.7	13.1	1.9	15786	0.34	0.24	107.3	75.8	0.59
大同 14 号	71.0	11.6	13.9	1.8	11006	0.14	0.24	39.5	67.7	0.37
张杂谷 8 号	73.4	16.4	17.5	2.2	13340	0.19	0.15	90.0	71.78	0.56
张杂谷 6 号	71.0	22.0	15.5	2.0	13229	0.18	0.12	113.4	75.6	0.60
张杂谷 5 号	76.6	18.1	16.6	2.5	12895	0.28	0.26	133.7	124.2	0.52
张杂谷 3 号	66.3	13.2	14.7	2.3	16786	0.21	0.16	141.0	107.4	0.56
张杂谷 6 号示范	86.4	9.9	14.7	1.9	45002	0.14	0.2	210.0	300.0	0.41
张杂谷 8 号示范	79.6	12.6	15.3	1.9	45002	0.14	0.25	161.6	288.5	0.36

从 2010 年同心县旱作谷子不同品种株高来看，06－218、张杂谷 6 号、张杂谷 8 号、陇谷 11 号、陇谷 10 号和大同 29 号较高，其他品种普遍在 80 cm 以下（如图 2.1 所示）。

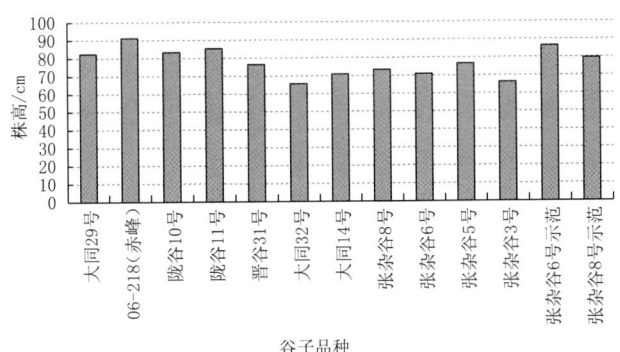

图 2.1　2010 年同心县不同谷子品种株高比较

从 2018 年固原市彭堡镇不同品种地膜谷子株高来看，张杂谷品种除了张杂谷 6 号株高 130 cm 外，其他张杂谷品种株高在 145～150 cm，均明显低于山西、内蒙古的大多数谷子品种，抗倒伏能力强（如图 2.2 所示）。

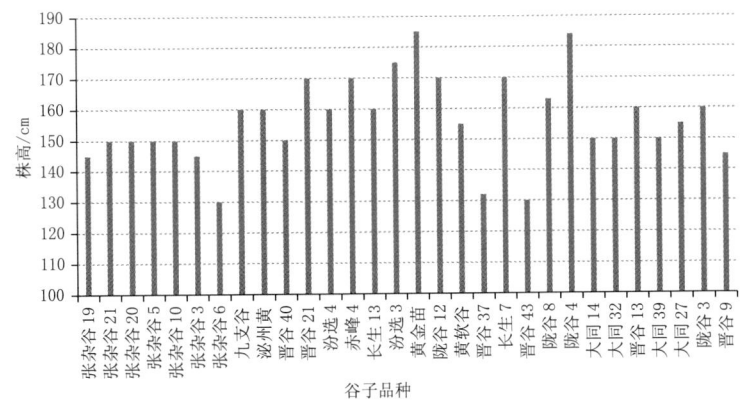

图 2.2　2018 年固原彭堡镇不同谷子品种株高比较

从穗长来看,中部干旱带引种的张杂谷 6 号较长,张杂谷 5 号、陇谷 11 号、大同 29 号也较长,其他品种穗长较短,张杂谷系列的示范田因种植密度过大,穗长反而较短(如图 2.3 所示)。

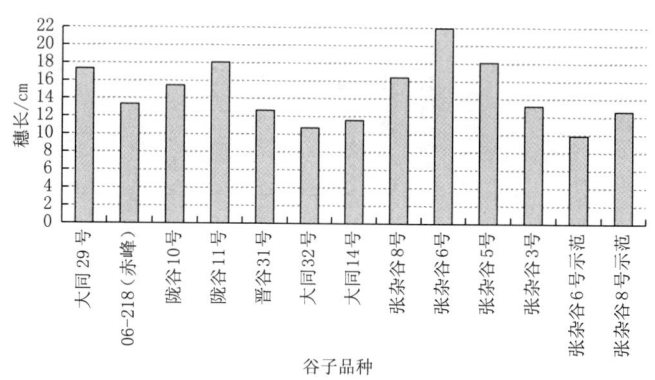

图 2.3　2010 年不同谷子品种穗长差异

从结实小穗数来看,张杂谷 8 号、陇谷 11 号较多,但没有长开,而长得较好的张杂谷 5 号、6 号和 3 号反而小穗数并不是很多(如图 2.4 所示)。

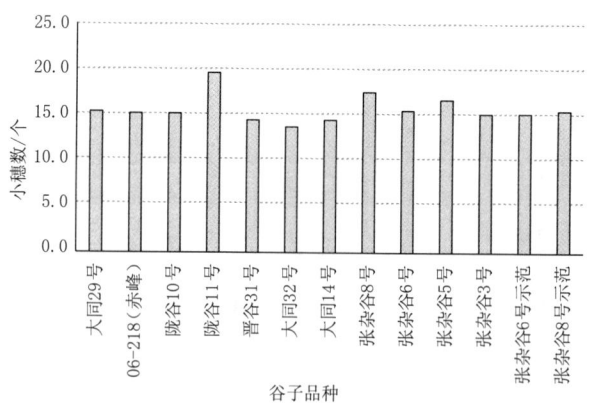

图 2.4　2010 年不同谷子品种小穗数差异

第 2 章 张杂谷在宁夏种植的表现

2011年,在下马关刘家滩开展了旱地张杂谷系列品种的比较试验,从7月14日的株高来看,张杂谷5号、6号和9号最高,3号其次,7号再次,10号最低。同期喷灌地株高普遍较高,以红寺堡自流灌溉地最高,韦州喷灌地其次,红寺堡喷灌地因播种比韦州迟10天,株高相对较矮。从8月14日的株高对比来看,张杂谷5号、7号最高,6号其次,3号、9号和10号受旱严重,出现滞长,株高偏矮(如图2.5所示)。

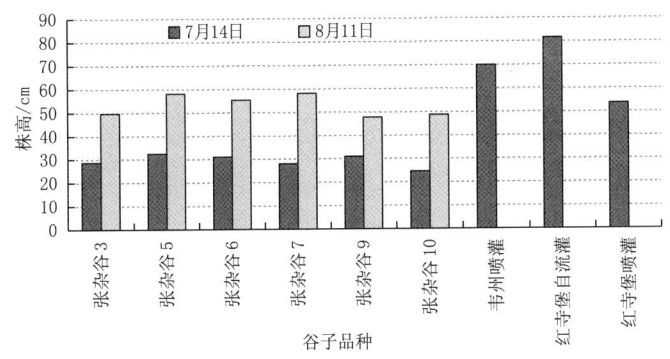

图 2.5 2011年旱地和灌溉地张杂谷系列品种株高对比

从叶龄调查结果来看,7月14日旱情开始不久,叶片功能良好,旱地叶龄普遍在8片叶,喷灌地在10～11片叶,灌溉地达到12片叶。旱地栽培的张杂谷9号长势较快,其次是6号、10号和5号,7号、3号长得较慢。到了8月11日,受持续干旱影响,下部叶片枯死达4～6片叶,绿叶数非但没有继续增加,反而减少。其中,张杂谷7号保持绿叶9片,较耐旱,其他品种均在7～8片绿叶(如图2.6所示)。

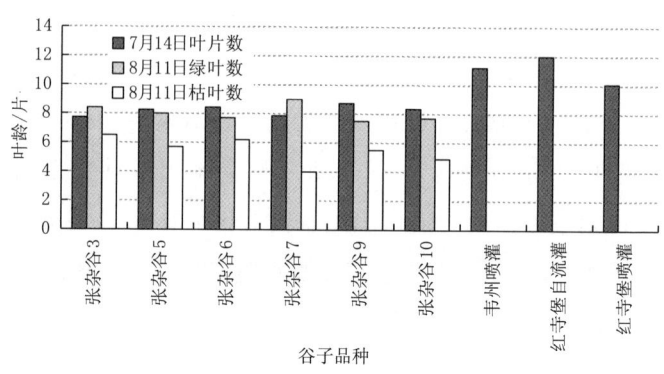

图 2.6 2011 年旱地与喷灌谷子叶龄调查

2.2 旱作张杂谷试验示范情况

2010 年 7—9 月气温偏高,降水持续偏少,降水量累计比常年同期偏少 73.9 mm,出现了持续 90 余天的严重干旱。4 月 30 日在韦州镇红城水村的农业开发项目区种植的 8 亩喷灌试验田品种为张杂谷 3 号、5 号和 6 号。喷灌张杂谷 3 号平均亩产达 760.4 kg/亩,张杂谷 5 号和 6 号分别达到 627 kg/亩和 647 kg/亩。在下马关刘家滩种植的 35 亩旱作张杂谷 3 号和 8 号平均亩产 187.0 kg,而相邻的旱作地膜玉米几乎绝产。

2011 年气候与 2010 年类似,气温总体偏高,5 月下旬至 7 月中旬、8 月上旬和下旬的旬降水量均明显偏少,5 月下旬至 8 月底累计降水量比常年同期偏少 72.9 mm。当年在韦州镇红城水村种植的 240 亩喷灌张杂谷 5 号示范田出苗 95% 以上,经多点测产,平均亩产达 431.1 kg/亩,亩净收入 494.75 元,总收入 11.874 万元。带动周边农户种植旱地张杂谷3号、5号各500亩,张杂谷3号亩产317.6 kg,毛收入794元/亩,净收入17.55万元。经化验,旱地示范田粗蛋白含量最高,达到12%,其次是韦州镇喷灌地在10%~12%。

2013年夏季出现了高温干旱,7月下旬至8月下旬的逐旬降水量均不足5 mm。当年示范种植张杂谷1870亩。其中,在红寺堡区新庄集白墩村的新垦沙地种植张杂谷9号100亩,在下马关镇刘家滩、张家树村种植旱作张杂谷3号、5号400余亩,带动盐池县大水坑镇青石崾村种植旱作张杂谷3号200亩。在平罗县陶乐镇种植灌溉张杂谷5号200余亩,在吴忠市红寺堡区种植喷灌张杂谷5号500亩,在红寺堡区月亮湾镇种植旱作张杂谷5号300余亩。另外,在永宁县征沙渠村种植灌溉张杂谷9号20亩,在内蒙古阿拉善盟推广种植旱地张杂谷3号、5号、9号、10号等品种150亩。当年因前期雨水条件好,干旱持续时间仅为2010年、2011年的一半,各示范点的谷子均获得了丰收。

2014年为夏季低温年型,6月下旬至8月下旬气温均偏低,6月上旬、7月上旬和8月上旬的旬降水量均比历年同期偏多20~43 mm。在韦州镇红城水村农业开发示范点种植喷灌张杂谷5号600亩,实测400 kg/亩;在红寺堡区鲁家窑村种植微喷张杂谷3号400亩,6月9日播种仍然能够成熟,但亩产降至300 kg/亩。吴忠市利通区马连渠乡巴浪湖村种植灌溉张杂谷5号高产示范点50亩,5月16日播种,经国家调查总队宁夏调查队农业调查处标准抽样调查和实割实测,后期遭受草害的田块平均单产400 kg/亩,未受草害影响的为550 kg/亩。

2016—2017年气象条件较好,原州区除个别旬气温偏低外,生育期间气温基本上偏高,2016 年和 2017 年 5—8 月降水量分别为 313.7 mm 和 359.8 mm,且分配均匀。2016 年原州区覆膜穴播各品种产量为 115.7～415.4 kg/亩,其中张杂谷 13 号产量最高;2017 年同一地点各品种覆膜穴播的产量为 220.4～360.3 kg/亩,张杂谷 20 号最优。

2018 年为高温多雨年型,除 5—8 月份有 3 旬气温偏低,其余时段气温偏高。5—8 月,宁夏中部地区有 5 旬降水明显偏多,旱地种植的各品种张杂谷产量在 220～360 kg/亩;宁夏南部山区有 7 个旬的降水量比常年同期偏多 20 mm 以上,覆膜旱作张杂谷产量达到 482～627 kg/亩,有 3 个品种产量突破 600 kg/亩。

2019 年为低温多雨年型,5 月、6 月中旬至 7 月中旬、8 月中下旬气温明显偏低,宁夏中部地区有 7 旬降水量明显偏多,宁夏南部山区有 9 旬的降水量均比常年偏多,固原降水量达到 650 mm,固原基准站器测记录为近 10 年最多。各品种产量在 479.3～669.6 kg/亩,再次突破宁夏的引种记录。

2010—2019 年各地引种的张杂谷系列品种产量表现见表 2.2。

表 2.2　2010—2019 年各地引种的张杂谷系列品种产量表现

年份	地点	品种	种植方式	密度/(万株/亩)	千粒重/(g/千粒)	亩产/(kg/亩)
2010	同心下马关	张杂谷 5 号	旱作	2.00	2.90	186.8
		张杂谷 8 号		2.60	3.00	186.8
2011	韦州红城水	张杂谷 3 号	喷灌	3.91	3.05	733.7
		张杂谷 5 号		3.82	3.07	644.8
		张杂谷 6 号		3.85	3.06	644.8

续表

年份	地点	品种	种植方式	密度/(万株/亩)	千粒重/(g/千粒)	亩产/(kg/亩)
2011	韦州红城水	张杂谷5号	喷灌示范	12.07		431.1
	红寺堡			2.27		317.6
2014	平罗气象局	张杂谷6号	自流灌	2.78	3.39	490.3
		张杂谷5号		3.11	3.10	484.7
		张杂谷3号		3.01	3.35	546.9
		张杂谷9号		2.97	3.28	584.5
		张杂谷10号		3.53	3.21	538.8
2016	固原长城梁	张杂谷3号	覆膜穴播	0.25	3.73	115.7
		张杂谷5号		0.42	3.15	188.6
		张杂谷6号		0.50	3.53	211.4
		张杂谷13号		1.27	3.19	415.4
		张杂谷19号		0.81	3.39	275.1
2017	固原长城梁	张杂谷3号	覆膜穴播	1.87	3.22	266.9
		张杂谷6号		2.62	3.08	262.3
		张杂谷12号		1.96	2.98	220.4
		张杂谷19号		2.59	3.00	285.3
		张杂谷20号		2.72	3.14	360.3
2018	固原彭堡乡	张杂谷3号	覆膜穴播			503.0
		张杂谷5号				557.0
		张杂谷6号				482.0
		张杂谷10号				526.0
		张杂谷19号				627.0
		张杂谷20号				613.0
		张杂谷21号				622.0

续表

年份	地点	品种	种植方式	密度/(万株/亩)	千粒重/(g/千粒)	亩产/(kg/亩)
2018	同心韦州镇	张杂谷3号	灌溉		2.50	300.0
		张杂谷13号			2.70	350.0
		张杂谷19号				320.0
		张杂谷20号			2.50	290.0
2018	同心兴隆镇	张杂谷3号	旱作	1.20	2.10	360.0
		张杂谷19号		0.47	2.20	310.0
		张杂谷13号		0.50		260.0
		张杂谷20号		0.40	2.10	230.0
2018	同心预旺镇	张杂谷3号	覆膜穴播	1.03	3.40	260.0
		张杂谷13号		1.70	2.80	230.0
		张杂谷19号		2.90	3.10	230.0
		张杂谷20号		4.93	2.80	220.0
2019	固原彭堡乡	张杂谷3号	覆膜穴播	4.50	2.80	479.3
		张杂谷5号		4.50	2.80	669.6
		张杂谷6号		4.50	2.80	477.5
		张杂谷10号		4.50	2.70	464.8
		张杂谷12号		4.50	2.70	474.8
		张杂谷13号		4.50	2.80	578.5
		张杂谷19号		4.50	2.80	569.4
		张杂谷21号		4.50	2.70	591.2

2011年旱作张杂谷品比试验表明,在遭遇历史上第6位严重的春夏连旱情况下,各品种仍能取得124.5~200 kg/亩的产量,其中张杂谷3号、6号早熟品种在迟播条件下正常成熟,亩产分别为200 kg/亩和191.1 kg/亩,其他几个品种生育期较长,植株较高,蒸腾耗

水较多,在 8 月 15 日前持续少雨的背景下,抽穗扬花迟,部分未完全成熟,空秕率高,产量表现不如张杂谷 3 号和 5 号。张杂谷 10 号大部分成熟,产量 186.7 kg/亩。

第3章 宁夏种植张杂谷的气候可行性分析

3.1 宁夏的气候背景

根据1981—2018年气候资料统计,宁夏的年平均气温为5.3~9.9 ℃,北高南低。固原、兴仁、麻黄山平均气温在7 ℃以下,大武口和中宁分别为9.5 ℃和9.9 ℃。7月平均气温16.9~24.7 ℃,1月为-9.3~-6.5 ℃。全区多年平均降水量为166.9~647.3 mm,灌区约200 mm,中部干旱带约300 mm,南部山区在400 mm以上。春季降水占总量的12%~21%,秋季占16%~23%,大部在夏季。全区年平均太阳总辐射量为4950~6100 MJ/m²,年日照时数2250~3100 h,日照百分率50%~69%,是全国日照丰富地区之一。年蒸发量平均1312~2204 mm;中部干旱带最大,超过2200 mm,南部山区为1336.4~1432.3 mm。平均无霜期为105~163 天,其中北部灌区为144~163 天,固原、盐池、陶乐为105~139 天,中部干旱带介于两者之间。无霜期的年际变化大,最长128~193 天,最短仅81~138 天。

近100年来,宁夏气温明显上升,尤其近30年升温最快,未来气温仍呈上升趋势。近50年来年降水量略减少,春季无明显增减趋势。未来100年冬春季降水增加,夏秋季减少。降水年际间波动增大,异常旱涝年增大。全区首场透雨平均在5月7日,无明显提早推迟,20世纪80年代中期以来,首场透雨出现早迟差距明显加大。从全区干旱发生频率来看,春旱、春夏连旱最多,秋旱、夏秋连旱次之,春夏秋连旱较少。近50年平均每12年发生10次。南部山区干旱持续时间延长,连旱的可能性增加。中部干旱带中、重度干旱持续时间变化较少,但年际波动加大。2000年以来春旱、夏旱呈加重趋势。2011年严重干旱使同心县春麦比2010年减产24%。

3.2 宁夏的农业气候资源

3.2.1 热量资源

宁夏气温稳定通过10 ℃以上积温呈增加趋势,灌区目前约3315~3656 ℃·d,每10年约增加110 ℃·d,中部干旱带盐池、韦州为3141~3243 ℃·d,西部的兴仁为2736 ℃·d,平均每10年约增加60~120 ℃·d,南部山区北部为2434~2559 ℃·d,约增100 ℃·d/10a,隆德、泾源阴湿区为1955~2043 ℃·d,每10年约增加90 ℃·d。从各地气温稳定通过10 ℃的初日来看,灌区平均在4月15日前后,中部干旱带为4月20日—5月2日,南部山区在5月4日—5月16日。秋季气温稳定下降到10 ℃以下的终日,灌区为10月7日—10月11日,中部干旱带为9月30日—10月6日,南部山区在9月20—28日(如图3.1所示)。

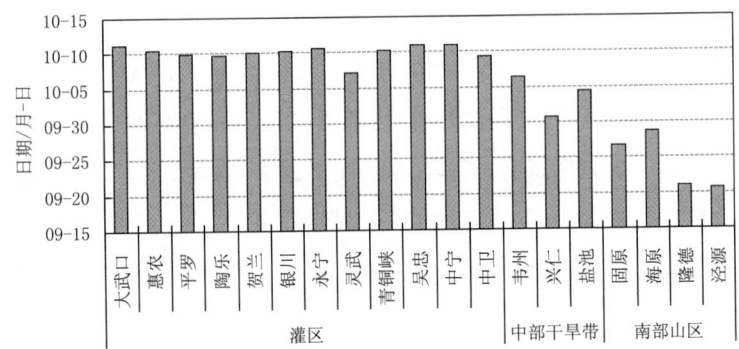

图 3.1　宁夏各地日平均气温稳定通过 10 ℃的终日

3.2.2　作物可利用生长季

宁夏各地的作物可利用生长季呈延长趋势。在 80% 气候保证率下,灌区 10 ℃以上持续日数为 166~174 天,目前平均每 10 年约增加 4.5 天,中部干旱带平均为 142~162 天,平均每 10 年约增加 2.4~5.2 天,南部山区平均为 115~137 天,北部平均每 10 年约增加 3.6 天,泾源、隆德阴湿区每 10 年约增加 2.9 天(如图 3.2 所示)。

3.2.3　作物生育期间降水量

作物生育期间降水总量的增减趋势不明显。灌区 5—9 月累计降水量为 148~171 mm,每 10 年约增加 8.8 mm,80% 年份能保证 111~135 mm;中部干旱带为 211~250 mm,中部每 10 年约减少 8.8 mm,东部每 10 年约增加 6.4 mm,80% 年份能保证 177~202 mm;南部山区为 319~537 mm,北部每 10 年约增加 2.7 mm,泾源、

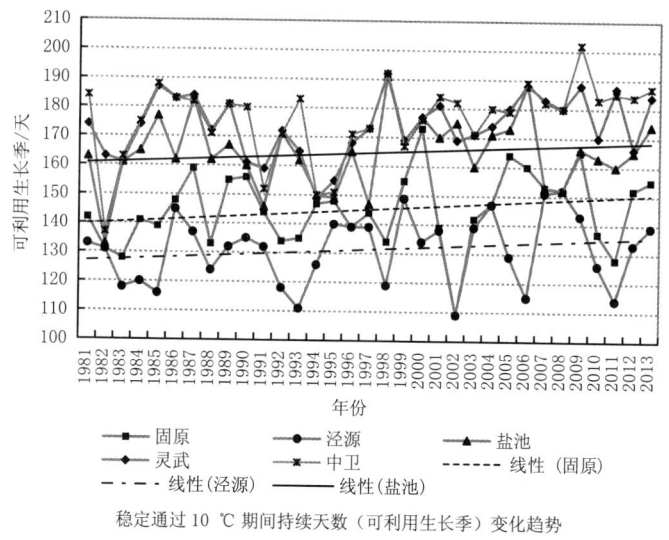

稳定通过 10 ℃ 期间持续天数（可利用生长季）变化趋势

图 3.2 宁夏各地作物可利用生长日数的变化

隆德阴湿区每 10 年略减少 1.2 mm，80% 年份能保证 265~430 mm（如图 3.3 所示）。

3.3 宁夏种植张杂谷的必要性及气候可行性分析

根据气候变化对宁夏农业的影响评估结果可知，中部干旱带春小麦生长适宜性下降。冬小麦适宜区已从南部山区扩展到引黄灌区。但随着气候变暖，热量条件变好，中部干旱带水分条件变差，适合滴灌玉米的发展，旱作马铃薯的适宜性下降，特别是春夏干旱、花期高温干旱可造成旱作马铃薯结薯减少，产量和商品薯率降低。基于上述观点，中部干旱带种植小麦、马铃薯的产量在逐渐下降，生长发育的农业气候资源条件在变劣，急需寻找新的出路。张杂谷具有

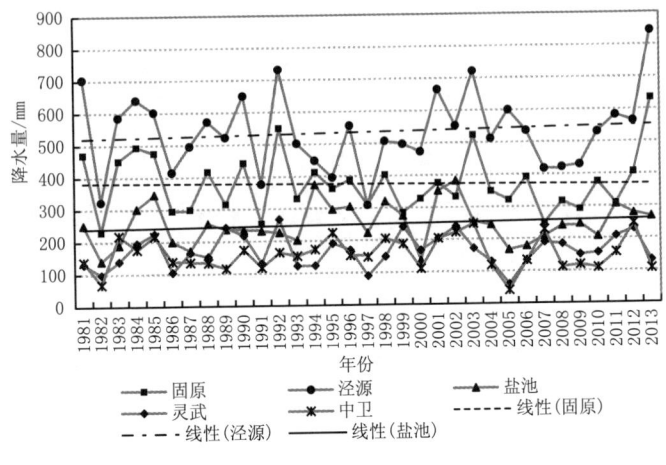

图 3.3　宁夏各地 5—9 月降水量的变化趋势

热量资源利用率高、耗水少的优势,还具有产量高、抗旱能力强、收益好的特点,更适合当前的农业气候资源状况。因此,在宁夏中南部山区提倡种植张杂谷是适应气候变化之举。

张杂谷产量比传统谷子增产 1～3 倍,扬黄灌区灌溉条件下亩产能达到 300～500 kg/亩,中部干旱带旱作条件下,按照近 3 年的降水量亩产能达到 200～400 kg/亩,传统老灌区因土壤肥力高、保灌能力强,亩产更高。

张杂谷品质优,市场价格高,种植经济效益比传统的玉米、马铃薯高,有发展潜力。谷子秸秆是优质饲料,营养高于玉米、稻麦秸秆。

张杂谷系列品种在年大于或等于 10 ℃ 积温 2900 ℃·d 以上的地区均可种植,宁夏中部干旱带韦州、同心、红寺堡、盐池一带年大于或等于 10 ℃ 积温为 3096～3260 ℃·d,完全满足种植的热量条件,正常气候条件下能正常结实、成熟,气候风险较小。南部山区积温不足,栽培张杂谷气候风险大。

张杂谷抗旱节水,耐贫瘠,全生育期降水 270 mm 就可正常生长结实,375～407 mm 可获品种预期产量。小麦、玉米、马铃薯需水量分别为 340 mm、700 mm 和 560 mm,种植张杂谷比种植小麦、玉米、马铃薯分别节水 47 m^3、287 m^3 和 193 m^3。老灌区可作为玉米倒茬的作物栽培,种植 1 亩玉米的水资源可发展灌溉谷子 2 亩以上,大量节省水资源,扩大灌溉面积。

"唯见青山干死木,不见地里旱死谷。"适温下谷子吸收本身重量 26% 的水分即可发芽,而玉米需要 48%、小麦需要 45%。谷子忍受极端干旱的能力极强,适合在气候波动大、水资源供应不足或保灌能力差的灌区边缘、沙荒地、新垦农田的地区栽培。干旱年份谷子更易保全苗,实现稳产、保收。

宁夏首场透雨平均在 5 月 7 日,种植张杂谷无论是雨前干播等雨还是雨后抢墒播种均可。雨后抢墒播种只要在 5 月 10—15 日前出苗可保证正常成熟,土壤墒情对保障正常播种、出苗的保证率较高,对应对春季播种季节持续干旱无雨造成播种困难的局面有利。因此,在宁夏种植张杂谷,是可行而且非常必要的。

第4章 宁夏发展张杂谷的经济可行性

4.1 种植张杂谷的成本效益及前景分析

4.1.1 旱地杂交谷经济效益分析

2010 年旱地谷子亩产 210 kg/亩,2011 年宁夏中部干旱带在遭遇严重干旱情况下,旱地谷子大面积测产仍达 187 kg/亩(如表 4.1 所示),按当年收购价 3.4 元/kg 计算,净收入 542.49 元/亩。而在 2011 年连续 90 天干旱下种植的小麦、马铃薯产量很低,加上价格低迷(马铃薯政府保护价 0.7 元/kg,实际收购价降到 0.5 元/kg),造成当年严重亏本。旱地节水补灌玉米净收益仅是没有补灌的旱作谷子的 60%。按照 2012 年正常价格估算,秋覆膜玉米和马铃薯的亩均净收入分别为 378.35 元/亩和 271.5 元/亩,也远低于旱地谷子 542.49 元/亩的收益水平,表明谷子在中部干旱带种植十分适合,引种张杂谷是有效应对气候变化的优质小杂粮高产技术。

表 4.1　试验示范期间多点测产的平均产量

年份	气候年型	旱地		灌溉地	
		面积/亩	亩产/(kg/亩)	面积/亩	亩产/(kg/亩)
2010	正常年份(偏旱)	6	210	12	693.5
2011	中部干旱带大旱年份(极旱)	35	187	1256	431
2012	正常年份(正常)	50	280	/	/
2013	正常年份(偏好)	1000	350	600	400
累计面积		1091		1868	/
平均亩产			256.75		508.17

4.1.2　喷灌杂交谷效益分析

2011 年,下马关、韦州、红寺堡新增种植面积 1256 亩,其中喷灌区示范的 240 亩张杂谷喷灌量 110～120 m³/亩,大面积测产达 431 kg/亩,按正常价格 3.4 元/kg 估算,毛收入 1759.1 元/亩,净收入 1451.1 元/亩,超过喷灌玉米 26.2 元/亩。但 2016 年后国家不再实施玉米保护价政策,玉米价格下降幅度较大,目前维持在 1.4 元/kg 左右,种植玉米的效益也跟着下降。对土地流转种植大户来说,由于有土地流转费和用工支出,旱地种植小麦、玉米、马铃薯均没有效益,但旱地谷子在 2011 年连续 90 天无有效降雨的干旱年份仍能实现净收入 99.2 元/亩。特别是在灌溉成本最高的喷灌条件下,种植谷子平均净收入达 811.1 元/亩,比种植喷灌玉米(净收入 704.9 元/亩)增收 106.2 元/亩(如表 4.2 所示)。

表 4.2 2011 年极旱年份下高产张杂谷经济效益对比

经营类型	种植类型	旱地				喷灌池	
	主栽作物	小麦	地膜玉米（补灌）	秋覆膜马铃薯	旱作张杂谷	喷灌玉米	喷灌张杂谷
农户种植(扣除租地费、人工费)	籽粒产量/(kg/亩)	100	260	450	187	550	431
	单价/(元/kg)	2.3	2.16	1.4	3.4	2.65	3.4
	籽粒收入/(元/亩)	230	561.6	630	635.8	1457.5	1465.4
	茎秆产量/(kg/亩)	185.7	482.9		159.3	1114.3	367.1
	单价/(元/kg)	0.15	0.35		0.8	0.35	0.8
	茎秆收入/(元/亩)	27.9	169		127.4	390	293.7
	投入成本/(元/亩)	233.3	332.6	378.8	224	422.6	308
	净收入/(元/亩)	25.6	398	251.2	539.2	1424.9	1451.1
承包大户(包含土地流转租金、人工工资)	土地流转费(元/亩)	200	200	200	200	400	400
	人工工日/(日/亩)	3	4	5	3	4	3
	人工费/(元/亩)	240	320	400	240	320	240
	总成本/(元/亩)	672.3	852.6	978.8	664	1142.6	948
	净收入/(元/亩)	−414.4	−122	−348.8	99.2	704.9	811.1

4.1.3 种植张杂谷的前景分析

如果宁夏能发展 20 万亩灌溉优质张杂谷,按照试验示范取得的产量估算,净收入达 2.91 亿元/年,比喷灌玉米增加 0.29 亿元。如考虑种植大户租地雇人,20 万亩净收入 1.51 亿元,比喷灌玉米增收 0.17 亿元。

如果宁夏能发展 30 万亩旱地张杂谷,按照干旱严重的 2011 年产量估算,年净收入 1.63 亿元。而当地旱地小麦、秋覆膜玉米、马铃薯的净收入分别为 -0.20 亿元、1.14 亿元和 0.81 亿元,种植小麦亏损,秋覆膜玉米、马铃薯在关键期补灌 2 次的情况下略有盈余。可见,如果在正常年份辅以关键期节水补灌,产量、效益会大幅度提高(如表 4.3 所示)。

表 4.3 张杂谷成本明细与当地主栽作物比较

项目		旱地小麦	秋覆膜玉米	秋覆膜马铃薯	喷灌地谷子	旱地谷子
种子	单价/(元/kg)	2.5	15	2.8	96	96
	数量/kg	22.5	4	35	0.5	0.5
	成本/元	56.3	60	98	48	48
磷酸二铵	单价/(元/kg)	4.2	4.2	4.2	4.2	4.2
	数量/kg	10	13	15	10	10
	成本/元	42	54.6	63	42	42
尿素	单价/(元/kg)	1.6	1.6	1.6	1.6	1.6
	数量/kg	40	50	48	40	40
	成本/元	64	80	76.8	64	64
农药	单价/(元/L)	30	30	50	30	30
	数量/L	1	1	1	1	1
	成本/元	30	30	50	30	30

续表

项目		旱地小麦	秋覆膜玉米	秋覆膜马铃薯	喷灌地谷子	旱地谷子
人工	单价/(元/人天)	80	80	80	80	80
	数量/天	3	5	4	3	3
	成本/元	240	400	320	240	240
灌溉	单价/(元/m³)	0.4	0.4	0.4	0.4	0.4
	数量/m³	0	0	0	210	0
	成本/元	0	0	0	84	0
地膜	单价/(元/kg)	0	12	12	0	0
	数量/kg	0	5	5	0	0
	成本/元	0	68	51	0	0
机器播收	成本/(元/亩)	40	40	40	40	40
总成本/(元/亩)		472.3	732.6	698.8	548	464
扣除人工成本/(元/亩)		232.3	332.6	378.8	308	224

4.2 种植张杂谷的风险分析

4.2.1 影响张杂谷的农业气象灾害

(1)播种期土壤干旱

虽然谷子耐旱,但播种期土壤要有一定的水分保证,才能保全苗。根据我们测定,土壤相对湿度宜保持在60%以上。如果中部干旱带春季无有效降水,干旱持续,5月15日以后播种成熟可能有风险。

(2)霜冻

播种早于4月20日,可能在出苗期遇到霜冻,难以保全苗。分期播种试验观察发现,即使谷子未出土,但已经在土中发芽的阶段,遇到重霜冻天气也会影响谷子出苗率,造成缺苗断垄。

灌浆后期如果霜冻天气出现过早,部分晚熟品种,如张杂谷10号、张杂谷5号,难以正常成熟,造成秕谷率高,影响产量和成熟度,谷粒含水率高达18%以上。

(3)苗期干旱造成"放炮田"

旱作张杂谷播种期间,必须保证5 cm土壤水分在60%以上,最好能达到70%~80%。土壤过干、过湿都不利于谷子出苗。如果在过干土壤播种,谷种吸水慢,出苗期将推迟。2014年盐池、下马关干旱最严重情况下出苗期推迟1个月以上,耽误了谷子可利用生长期,对后期成熟产生风险。如果土壤水分偏低,但谷种可以顺利发芽,后期又缺乏有效降水补充,会出现最严重的灾害,造成已经萌发的谷子难以出苗,时间拖长了在土中枯萎。当地一般把这种情况称为"放了炮",已经出苗的田块稀稀拉拉,幼苗瘦弱。即使后期出现了降雨,因土中谷子基本是发芽后枯萎,没有后续补充,最终造成田间谷苗稀少,且参差不齐,严重影响产量。这种情况还不如土壤十分干、谷种没办法萌发的干打干种田块,后者在出现有效降雨后,谷子可以迅速出苗,且出苗相对整齐。

(4)"卡脖旱"

张杂谷抽穗扬花期间如果出现持续35 ℃以上的高温少雨天气,旱作张杂谷容易出现"卡脖旱",造成张杂谷3号产生不同长度的秃尖,严重情况下使谷穗结实长度缩短5 cm以上,减产较大。灌溉地如在开花期(抽穗后一周左右)遇上此种高温天气,也会影响授精,造成空秕谷,从外观上看影响不明显,到成熟期才会发现大谷穗很轻,结实率低,减产也较严重。

(5)遭遇暴雨、洪涝浸泡

张杂谷苗期怕水,2014年平罗低洼田抗盐碱张杂谷品种筛选试验发现,土壤pH值8.9的品试区在遭受2天的雨水浸泡后,8个参试品种全部死亡,死亡率达100%。但由于播种时土壤水分不足,部分籽种未萌发,在后续出现大的降水后,又第二次出苗。无论后来是否再次出苗,前期遭受水淹的幼苗已全部死亡,证实张杂谷品种苗期不耐水,特别是在拔节以前,如果土壤水分饱和超过2天,就会造成全部死苗。

(6)雹灾

2014年8月15—16日,银川市灵武市,吴忠市利通区、青铜峡市、同心县,中卫市沙坡头区、中宁县、海原县,固原市西吉县出现冰雹天气。15日最大累计降水量和最大小时雨量分别为69.9 mm和34.0 mm。16日最大降水量和最大小时雨量分别为73.2 mm和66.6 mm。此次雹灾对宁夏玉米、马铃薯等粮食作物,以及葡萄、枸杞、枣树等经济作物带来较大损失,共造成4人死亡,银川、吴忠、中卫、固原等地3.4万多农户17万多人受灾,农作物受灾面积58.5万多亩。受灾面积最大的是玉米和马铃薯,经济损失最严重的是葡萄、枸杞、枣树等经济作物。灾害造成直接经济损失超过3亿元。受雹灾影响,在同心县下马关窖坑子村开展的旱作张杂谷品种比较试验和近百亩示范田全军覆没,地上部全部砸死。

(7)灌浆期低温阴雨

谷子生育期长,灌浆期长达50~60天,期间如果出现低温连阴雨天气,一是影响灌浆速率,造成秕谷,二是容易出现谷锈病,影响产量。

4.2.2 市场价格波动较大

受小杂粮市场小,易被炒作的特点影响,近几年掀起了小杂粮炒作热潮,虽然一时售价大增,但长期来看,价格大幅波动不利于产业稳定、健康发展。

4.2.3 谷子市场容量比大宗粮食作物小

(1)目前小米以食用为主,食用又以喝粥为主,市场消耗量小。

(2)谷子秸秆营养价值高,是酿酒原料、优质饲料。应考虑发展养牛、养羊的畜用谷子,或制作高端饲料,酿酒原料,扩大谷子用途和深加工市场。

4.2.4 未形成产供销一条龙服务,深加工产品尚待拓展和开发

(1)目前宁夏谷子收购商少,外地客商压价收购,本地没有定价权。

(2)缺乏深加工企业龙头,大多出售初级产品,附加值少。

(3)应发展高端有机食品,如内蒙古生态协会推出的"沙漠小米"膨化食品,可热水冲泡方便绿色食品,售价不菲。

4.2.5 控制成本的田间管理和科学决策的全程气象服务是关键

(1)根据气候预测和水分条件合理确定品种和播期。

(2)一播全苗且密度合适,摒除"深谷子浅糜子"的传统观念,减少人工间苗、定苗成本。

(3)化学除草、防病虫,减少人工除草费用。

(4)根据天气预报追肥,保障产量形成。

(5)采用合适收割机适时机收,减少收获损失,降低收获打碾晾晒成本。

第5章 宁夏张杂谷气候适宜性区划

5.1 张杂谷生产的农业气象指标

5.1.1 张杂谷不同生育阶段农业气象条件

总结多年的试验成果,归纳总结河北、山西等地的研究成果,进行宁夏本地化验证,确定了适合宁夏的张杂谷不同生育阶段农业气象指标(如表5.1所示)。

表 5.1 张杂谷不同生育阶段适宜农业气象指标

发育期	有利农业气象条件	不利农业气象条件	措施建议
播种—出苗	气温在10℃以上,土壤湿度9%~11%以上有利出苗	干旱少雨造成缺苗,低温易发生白发病	选抗旱品种,适时趁墒播种,播后镇压保墒
出苗—拔节	气温在20℃左右,稍旱有利于蹲苗	低温霜冻(谷子不耐1~2℃的低温)	适时播种,不宜早于4月20日。3~5叶锄苗,定苗
拔节—抽穗	气温在22~23℃,水分充足	干旱影响穗分化,多雨时谷子根系发育不良	浅锄保墒,深锄发根

续表

发育期	有利农业气象条件	不利农业气象条件	措施建议
抽穗—开花	气温 24 ℃左右，较充足的雨水有利抽穗	抽穗后连阴雨易造成授粉不良或发生黏虫害；35 ℃以上高温、干旱少雨会造成"卡脖旱"	抽穗前追肥，进行人工授粉，防虫
开花—成熟	气温在 20 ℃左右，晴、无风天气有利	持续低温、阴雨、寡照、早霜为害	调节播期，保证后期热量，促成熟

5.1.2 张杂谷在宁夏种植的热量指标

根据不同张杂谷品种在宁夏引种的表现，总结了全生育期热量需求指标和生育日数（如表 5.2 所示），并与河北省原产地的指标进行了比较，发现全生育期比原产地长 7～12 天，积温比原产地多 60～140 ℃·d，积温的有效性有所下降。因此，各地的气候背景不同，农业气象指标虽大致类似，但也有区别，切忌生搬硬套。

5.1.3 张杂谷在宁夏种植的水分指标

根据水分试验结果，初步总结出张杂谷全生育期需水量为 378～472 mm，张杂谷 3 号、6 号相对较少，其他生育期较长的品种需水量相对较多（如表 5.3 所示）。宁夏中部干旱带年降水量一般不足 300 mm，旱作产量在 180 kg/亩以上，如果能灌溉 2～3 次，每次灌溉量折合雨量 60～90 mm，即 40～60 m³/亩，产量可提高到 400 kg/亩以上。

由表 5.3 可看出，充分满足谷子的作物需水，至少需要 378～472 mm 的降水量，但在中部干旱带的同心下马关和韦州等地，水分亏缺达 150～270 mm，作物谷子依然可以正常收获并有较高产量，可见谷子的耐旱能力极强。

第5章 宁夏张杂谷气候适宜性区划

表5.2 宁夏张杂谷各品种生长发育的热量需求指标

品种	发育期			宁夏		原产地		差额	
	播种	出苗	成熟	生长日数/天	≥10℃积温/(℃·d)	生长日数/天	≥10℃积温/(℃·d)	生长日数/天	≥10℃积温/(℃·d)
张杂谷3号	5月3日	5月14日	9月18日	127	2772.5	115	2700	12	73
张杂谷5号	5月3日	5月14日	9月24日	133	2859.6	125	2800	8	69
张杂谷6号	5月3日	5月14日	9月11日	120	2638.5	110	2500	10	139
张杂谷9号	5月3日	5月14日	9月27日	136	2905.6	127	2800	9	106
张杂谷10号	5月3日	5月14日	9月30日	139	2959.9	132	3000	7	−40

表5.3 宁夏张杂谷各品种的需水量与补灌指标

品种	充分满足需水量/mm	降水量/mm		水分亏缺/mm		产量范围/(kg/亩)	
		下马关	韦州	下马关	韦州	旱作	灌溉
张杂谷3号	379.4	199.4	221.0	180.0	158.4	200~400	3250~400
张杂谷5号	471.8	201.8	226.9	270.0	244.9	180~250	300~500
张杂谷6号	378.0	198.0	202.9	180.0	175.1	80~200	100~400
张杂谷9号	471.9	201.9	226.9	270.0	245.0	200~350	250~400
张杂谷10号	471.9	201.9	229.4	270.0	242.5	/	250~400

5.2 宁夏引种张杂谷系列品种的综合气候满足率

从热量资源满足率来看,灌区、中部干旱带同心、盐池在80%热量资源气候保证率下能正常成熟;兴仁种植张杂谷6号、3号可成熟,但保证率不高;海原、南部山区各县热量不够,不能保证张杂谷正常成熟(如图5.1所示)。

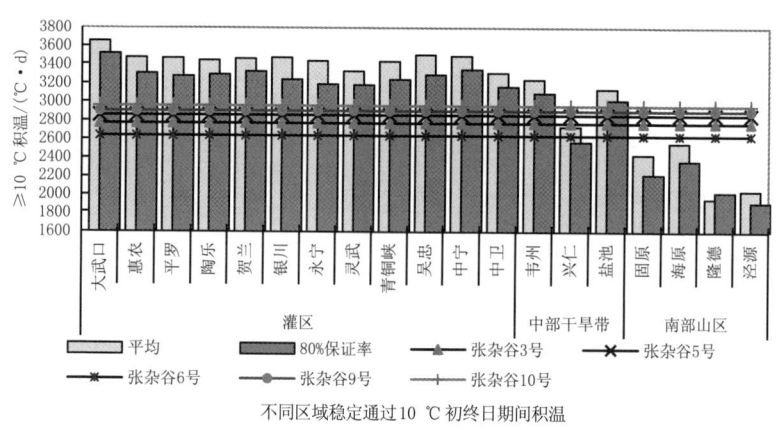

图5.1 宁夏各地种植不同品种张杂谷的热量需求保证率

衡量一个地方是否适宜种植张杂谷,还需要评价不同品种的生长日数是否能满足生长条件的需要。根据张杂谷的热量需求指标,结合历年5—9月10℃以上的积温,统计了各地满足不同品种正常成熟的积温保证率。灌区、同心、盐池、红寺堡在80%生长期保证率下能满足各品种正常成熟,但兴仁只能满足张杂谷6号正常生长;原州区、海原可保证张杂谷3号、5号、6号全生育期生长日数;隆德、泾源栽培张杂谷任何品种不能正常成熟(如图5.2所示)。

第5章 宁夏张杂谷气候适宜性区划

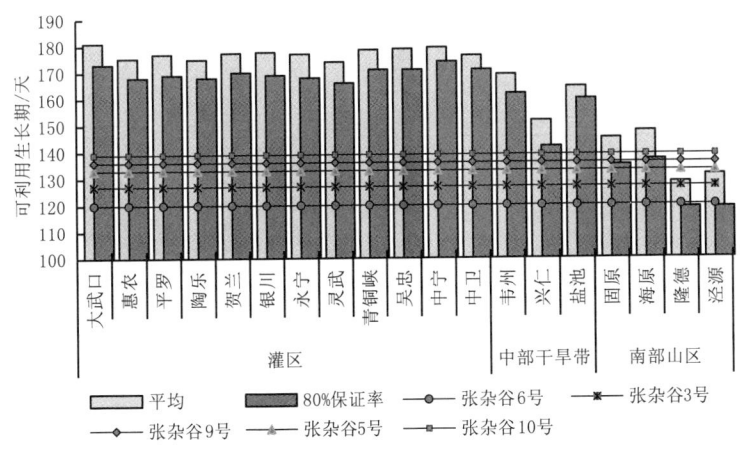

图 5.2 宁夏各地种植不同品种张杂谷可利用生长期保证率

水分资源满足程度是决定干旱区农业发展规模和种植何种作物的关键。经研究,张杂谷需水量378～472 mm,除隆德、泾源降水能满足张杂谷正常需水外,其他地区均不足。灌区在80%降水保证率下张杂谷3号、6号需水差额250 mm,张杂谷5号、9号和10号差额280 mm,需灌3～4次水(按90 mm/次估算);中部干旱带在80%降水保证率下旱作张杂谷3号、6号缺水70 mm,保证不受旱需水差额180 mm,需灌溉2次,种植张杂谷5号、9号、10号差额210 mm,需灌溉2～3次;固原、海原种植张杂谷3号、6号超过270 mm的基本需水线,正常产量下需水差额不足60 mm,灌1次水最好,彭阳可不灌溉(如图5.3所示)。

土壤水分季节分配也在一定程度上制约着种植张杂谷的适宜性。从南部山区和中部干旱带典型站点历年逐旬土壤湿度变化来看,中部干旱带6月中旬至7月上旬土壤墒情差,但谷子苗期耐旱,且需要一个阶段蹲苗扎根,此期间雨水相对较少,有利于促深扎根,

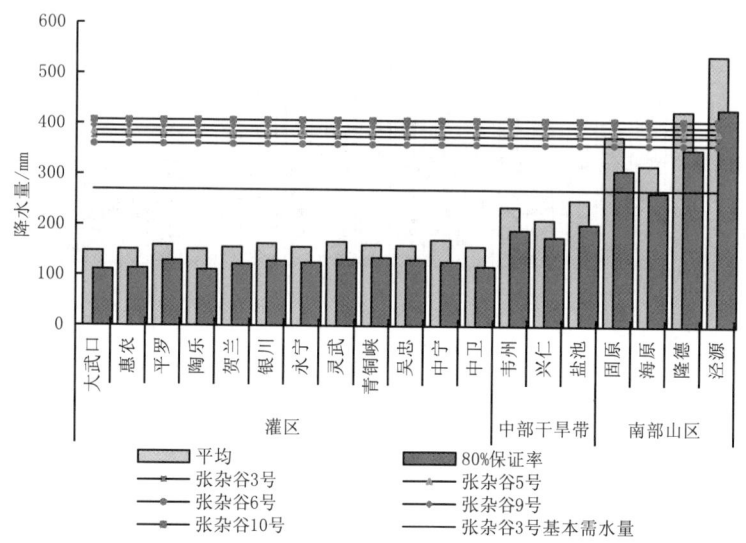

图 5.3 宁夏各地种植不同品种张杂谷的水资源气候保证率

防后期早衰和倒伏;自 7 月中下旬雨水增多,土壤增墒明显,与张杂谷抽穗扬花期和灌浆期需水量增加相吻合,也就是说谷子的需水规律与宁夏中南部山区的降水季节分配吻合度高,栽培张杂谷符合当地的气候规律。原州、海原的年内降水时间分配与张杂谷的需水规律的吻合度更好(如图 5.4 所示)。

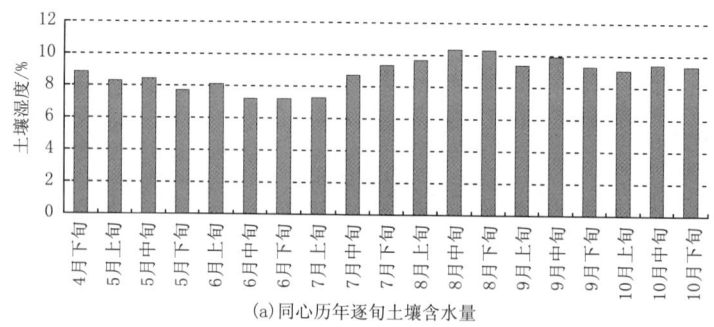

(a) 同心历年逐旬土壤含水量

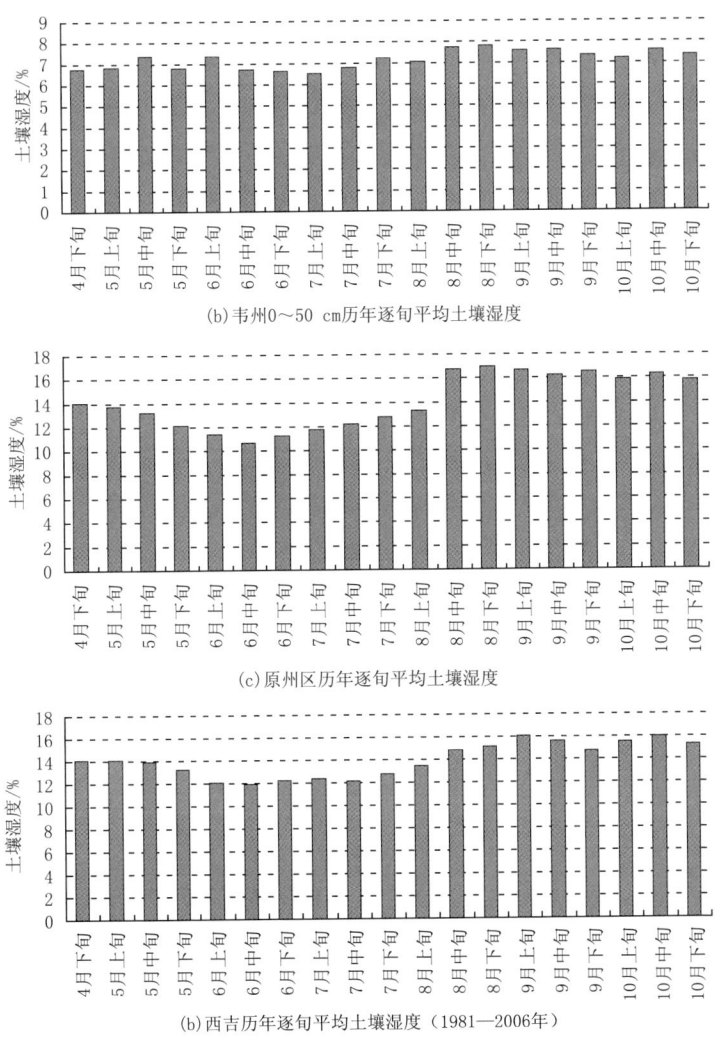

图 5.4 宁夏中南部山区历年 0~50 cm 逐旬平均土壤湿度季节变化

5.3 宁夏发展张杂谷的适宜农业气候区划

综合以上指标分析,根据张杂谷不同品种在宁夏引种的表现,总结出每个品种正常成熟所需的热量资源、全生育期日数和所需的水分资源需求农业气象指标。以≥10 ℃积温作为可利用热量资源,5—9月降水量作为水分指标,以产量6000 kg/hm² 或以上的水热气象条件作为适宜种植谷子的气象指标,产量在2250～3750 kg/hm² 的气象条件为次适宜指标,产量达不到2250 kg/hm² 的,为不适宜指标。构造了评判宁夏张杂谷适宜性的综合指标(如表5.4所示)。

表5.4 宁夏张杂谷气候区划指标

分区名称	≥10 ℃积温/(℃·d)	5—9月降水量/mm
适宜种植区	≥3000	≥350 或有灌溉条件
次适宜种植区	2800～3000	270～350
不适宜种植区	≤2800	≤270

从1∶25万数字地图上转换出250 m×250 m格距的经纬度和数字高程资料,利用改进的小气候细网格订正推算方法,推算了宁夏气温稳定通过10 ℃期间的热量资源分布,利用3点平滑推算了5—9月全区的降水量分布,对宁夏各地种植不同品种张杂谷的热量资源进行了小网格精细化区划,结果如图5.5所示。

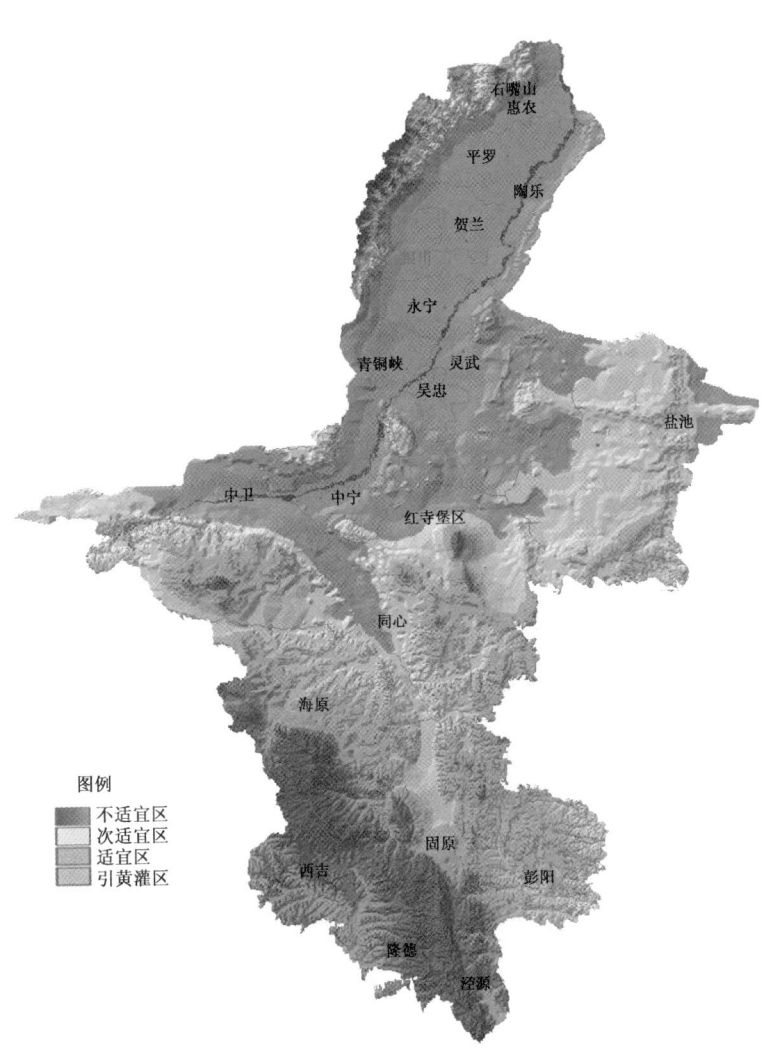

图 5.5 宁夏各地发展张杂谷产业的农业气候适宜性区划(附彩图,见封三)

5.3.1 高产优质灌溉张杂谷种植区

高产优质灌溉张杂谷种植区分布在中部干旱带中北部的同心、红寺堡扬黄灌区及北部引黄灌区。该区域海拔高度一般在 1350 m 以下,5—9 月大于或等于 10 ℃积温在 3000 ℃·d 以上,年降水量在 300 mm 以下,热量资源能满足张杂谷 3 号、5 号、6 号、10 号、13 号品种正常成熟,但张杂谷 8 号是夏播谷,宁夏一年两季的热量不足,可作为春播栽培。在喷灌条件下上述适宜品种亩产可达 400 kg/亩以上,自流灌可达 500 kg/亩,效益比种植玉米略高,远远高于种植小麦和马铃薯的效益。北部引黄灌区栽培张杂谷产量有望达到 800 kg/亩。

5.3.2 灌溉与旱作谷子次适宜区

灌溉与旱作谷子次适宜区分布在清水河流域、海原东北部、同心东南部的预旺、张家源、下马关、韦州、盐池南部及彭阳红河、茹河河谷地区。该地区分布在海拔高度 1350~1600 m,5—9 月大于或等于 10 ℃积温 2600~3000 ℃·d,大部分地区年降水量在 300~400 mm。能种植张杂谷 3 号、5 号、6 号、13 号,灌溉条件下张杂谷 3 号、5 号的亩产能达到 350~400 kg/亩,以 5 号最优;旱作条件下能达到 200 kg/亩以上,以抗旱最强的 3 号最优,比较效益高于玉米,远高于小麦和马铃薯。但播种期受干土层厚度影响较大,干旱条件下不容易抓全苗,迟于 5 月 10 日播种成熟风险较大,长期严重干旱下虽比玉米、马铃薯耐旱,但减产也很严重。

5.3.3 不宜种植区

中部干旱带和南部山区海拔在 1600 m 以上的地区为不宜种植区,包括兴仁、海原南部、原州区、西吉、隆德、泾源和彭阳旱坡地。该地区降水量虽然在 400 mm 以上,是当地传统的小谷子产区,但 5—9 月大于或等于 10 ℃积温在 2600 ℃·d 以下,满足不了张杂谷全生育期的热量指标,张杂谷系列品种均无法正常成熟,灌浆期热量强度不足,造成空谷率高,谷子成熟度差。

第6章　张杂谷栽培技术及水肥管理

6.1　张杂谷栽培要点

在全面了解张杂谷品种特性基础上,根据当地的气候、地势、土壤、耕作制度等因素,抓住当地谷子生产中的主要矛盾来选择适宜的谷种,如干旱严重区选择抗旱性强的张杂谷3号、19号等品种,水肥条件较好的地区宜选择喜肥水、增产潜力高的张杂谷10号、5号等品种;半干旱半湿润区则选择既抗旱又能对水分高效利用的品种,如张杂谷3号、9号、13号、19号;在南部山区气候相对冷凉区可选张杂谷6号、13号生育期较短的品种。在干旱严重不能适期播种,或前茬作物收获晚的情况下,可根据热量资源估算以保证正常成熟的早熟类型的品种。

在确定谷子品种后,要坚持试验、示范、推广的原则,切忌盲目种植,以免造成不必要的损失。试验时既要选择不同自然类型区,又要考虑当地的气象条件,选择具有代表性的农田试种,全面考察,最终确定适宜品种。

6.1.1 选地规则

由于谷子的谷粒小,芽弱,顶土能力差,不耐水淹,要尽量选择地势较高,土壤通透性好,易耕作和松软肥沃的沙壤土。种植张杂谷与常规谷子一样,要轮作倒茬,忌重茬,不迎茬。

谷子连作的坏处很大,主要有以下几个方面。一是谷莠草增多。谷莠草是谷地伴生杂草,它是由谷子和狗尾草杂交后形成,且有成熟早、易落粒、在土壤中发芽力保持的时间长等特点,连作会使其日益蔓延,正所谓"一年谷子,三年莠子"。而且谷子虽然是自花授粉作物,其天然杂交率也有1%～5%,同一块地连年种谷子,谷子和莠草、狗尾草杂交率不断提高,也是造成莠草危害严重的一个原因。二是病虫害发生严重。谷子白发病等病害主要靠土壤带菌传播,粟灰螟等害虫主要在根茬越冬。随着谷子在同一地块上连年种植,这些病原生物也会大量繁衍,连作使病虫害加重。三是不利于恢复和提高地力。谷子根系密集而发达,吸收能力较强。每年在同一地块上种谷子,必然消耗土壤中同种营养和同一土层的土壤养分,会造成谷子所需的养分缺乏,致使谷子产量降低。四是容易造成缺苗断垄现象。连年种谷,谷茬不易除尽,又难沤烂,会影响播种,降低播种质量,造成缺苗断垄。

由此可见,谷子必须合理轮作倒茬,最好相隔2～3年再种谷子。谷子的前茬以豆类最好,薯类、麦类、玉米和蔬菜也是较好的前茬,忌荞麦等喜凉秋杂粮茬口。与以上所提到的适宜作物轮作倒茬,既有利于谷子的生长和产量的形成,又克服了连作造成的害处。在没有轮作与倒茬条件的地方,也可以采用苗色不同的谷子品种,如红苗谷和黄苗谷之间的轮作,以利间苗时清除莠草。

6.1.2 整地技术要点

俗话说"有苗三分收",发挥"张杂谷"杂交优势的首要前提是要一播全苗。整地是获得全苗的必要工序,如果整地精细且质量好,出苗全,则事半功倍,可打下丰产的基础。整地时要区别土壤类型,根据平川区壤土地、丘陵区旱坡地、灌区黏壤土地和低洼盐碱地的整地要点,做到因地制宜。

6.1.2.1 不同土地类型整地要点

总体来说,宁夏土地面积虽然不大,但土地类型及其分布呈现出复杂性和多样性特点,主要是平原面积小,山地丘陵面积大。宁夏山地面积1226.9万亩,占全区总面积的15.79%,主要有贺兰山、香山、罗山、牛首山、六盘山等;丘陵面积2951.8万亩,占全区总面积的38%,主要分布在固原市、吴忠市的南部地区和中卫市的东南部地区,是我国黄土高原的组成部分;平原面积2084.6万亩,占全区总面积的26.8%,主要分布于宁夏的中部和北部,有银川平原、卫宁平原、清水河河谷平原、韦州平原等;其余为台地和沙漠。耕地类型主要有丘陵区旱坡地、川区壤土地与灌区黏壤土地等。

(1)丘陵区旱坡地整地要点

丘陵区旱坡地分布在固原市、吴忠市的南部地区和中卫市的东南部地区,是黄土高原的一部分。该区域沟壑纵横、切割剧烈,水土流失严重,水分是该区域生态建设、经济发展的关键限制因子,降雨是区域土壤水分的主要来源,该区域的特点是土壤瘠薄,干旱缺水,保苗难度大。根据多年生产经验,采取"三墒"整地的办法,可以取得较好效果。

秋耕蓄墒。一般来讲,秋季降雨较多,夏秋作物收获后,结合施底肥早深耕,可更多接纳雨(雪)水,称为蓄墒。宁夏中南部旱作农业区待小麦等作物收获后,应及时翻耕蓄墒,保证第二年谷子春播和苗期需水。

镇压提墒。春季降雨一般较少且风沙天气多,地表干土层厚,在土壤"春潮"前及时镇压,可粉碎耕层中的土坷垃,填补土壤裂缝,形成耕层紧密层,降低土壤透气性,使土壤上下的毛细管接通,有利于下层土壤水分上升到表层,保证谷子播种、出苗阶段和苗期生长需水,有利于保全苗,促壮苗。

耙耱保墒。当早春土壤表面解冻,下层还有冰凌时,顶凌耙耱,以弥合地表裂缝,切断毛细管,防止水分蒸发。

"三墒"整地也要根据具体情况灵活运用,如果春季太旱,可多耙不耕,俗有"耕多深,干多深"之说。"春潮"偏大或有春季降雨影响播种时则需要翻耕散墒。

(2)川区壤土地整地要点

川区壤土地区包括灌区北部地势较高,保灌率不高的田块,一般分布在灌区的边缘,渠系末端。另外,清水河流域、海原东北部、同心东南部的预旺、张家塬、下马关、韦州、盐池南部及彭阳红河、茹河河谷等中南部有灌溉条件,但灌溉条件有限,只能保证一至两次灌溉,水分仍然是制约因素。该区域土质虽较好,但春季表层也有干土层,特别是在大风天气频繁的年份,表层土壤水分容易散失。使播种季节土壤干土层太厚,影响出苗质量,出现缺苗断垄现象,也应注意耙耱保墒工作。谷子播种一般在4月下旬至5月上中旬,此时表层土壤较干,不容易抓全苗。可采取播后镇压提墒,或在4月下旬灌溉一次,约一周后,地表干燥后旋地、播种,可保证出苗质量,防止缺苗断垄。

(3)灌区黏壤土地整地要点

灌区黏壤土地主要分布在宁夏灌区,地势比较低洼,土质以黏壤土为主。此类土质黏重,特别是上年种植水稻的田块,秋季一般较湿润,耕期过早,土湿黏犁不好耕,耕期过晚,地干土黏耕不动,且土坷垃大,整地质量差,难以保证全苗。应在不干不湿时抓紧耕翻,但由于这类土壤适耕期一般很短,应勤观察,注意耕翻时间。

另外灌区还有一类低洼盐碱地,分布在银北排水不畅的低洼地区。此类土壤应耕干不耕湿,耕后不耙糖,以利晒田,防返碱。耕地整过后,应使土壤达到细、透、平、绒,上虚下实,无较大的残株、残茬和土坷垃,即可进行播种。

6.1.2.2 施基肥的要点

"庄稼一枝花,全靠肥当家。"播种前施足基肥是满足谷子生长发育要求的重要措施。基肥以农家肥为主,施用量以高产田每亩5000~7500 kg、中产田每亩1500~4000 kg 为宜。为提高速效养分含量,可以补充一些氮、磷、钾化肥,如磷酸二铵、复合肥等,每亩15 kg 与农家肥混合施用。施肥时间和方法以收获后结合秋耕施入为好。没有来得及秋耕的,可于春天结合春耕施入。

6.1.3 一播全苗技术要点

6.1.3.1 适期播种

适期播种就是使谷子的生长规律和当地的自然气候规律达到

最大程度的吻合。根据播期试验结果和多年生产实践,宁夏中部干旱带的谷子播种期一般选在4月25日—5月20日为宜,南部山区气候相对冷凉,海原、兴仁等地热量资源不足的地区宜在5月上旬播种,最晚不超过5月底。当幼苗期处于初夏的旱季,有利于蹲苗,促根系下扎,生长健壮,防止后期倒伏;孕穗期正赶在雨季来临,可以防止"胎里旱";抽穗期恰逢雨季高峰,正好"拖泥秀谷穗",避开了"卡脖旱";灌浆期赶在"天高云淡"昼夜温差较大的秋季,利于提高谷粒饱满度,避免了农谚所讲的"淋出秕来",恰好是"晒出米来";成熟期正赶在秋高气爽,降雨较少,日照充足的时节,避免秋季早霜使灌浆过早结束。由于各地的气候不一样、土壤类型各异,选用的杂交谷种不同,播种期不能强求一致。实际播种时要看天、看地、看品种,无霜期短的地区要适当早种,反之则晚种。根据我们的试验,生育期较短的张杂谷3号、6号和13号可以适当晚种,生育期较长的张杂谷5号和10号则应适当早种,以争取灌浆期有更长的时间、更多的热量,有利于保证正常成熟,促高产。在播种前,最好和当地的气象部门联系,密切关注天气情况,播种做到心中有数。

6.1.3.2 播种量与播种深度

由于张杂谷的谷种每年的杂交率不同,在播种前一定要做发芽率试验,根据不同品种所需的基本苗数量,按照发芽率、真杂交率、千粒重来计算播种量。每年播种前最好咨询当地科技推广部门或种子经销部门,这些部门有多年的经验和对不同品种的了解,按照科技部门设定的密度核算播种量。一般情况下每亩播量 0.4~0.5 kg。播种深度应参照"墒情好宜浅,墒情差宜深"的原则,播种深度一般为 3~4 cm 为宜。

6.1.3.3 播种方法及要求

耧播一般由牲畜牵引,后面有人扶着,可以同时完成开沟和下种两项工作。一次种一行或多行。其特点是在一次操作中可以同时完成开沟、下籽、覆土作业。下籽均匀,覆土深浅一致,播后踩实提墒,提高出苗率。缺点为效率低,比较费工,需要人和牲畜共同完成。

犁播一般用牲畜拉动犁具,开沟,用专用工具撒种子,然后覆土,优点是在下种同时使用农家肥,效率较耧播高且省人工。缺点依然是效率较低,且播种精细程度不足。

机播是机械化播种的简称,一般由手扶拖拉机作为动力,也有大型专用机械作为动力的。目前国内有多家机械公司研制谷子精量播种机。特点为下籽匀、保墒好、工效高、行直等优点。在条件允许的情况下推荐机播。一来可以省时省力,二来可以抓住墒情,避免延误农情,特别是大面积种植时其优点突出。

谷子播种要求撒籽均匀,不漏播、不断垄,深浅一致,播后要及时镇压,特别是采用小麦播种机的,要隔一行堵一行,并带上镇压轮,既要保证行距不要过密,又要通过镇压提高出苗率。春旱严重,土壤墒情较差的地方可增加镇压次数,以提高出苗率。

6.1.4 覆膜播种技术要点

地膜覆盖是宁夏中南部山区旱作农业的一项重要举措,目前多发展为秋季覆膜栽培,可保留上年秋季的雨水,以利于当年春播和苗期生长需水。谷子本身就是节水耐旱作物,而张杂谷的抗旱性更强,若结合地膜覆盖技术,可起到春季保苗、壮苗的作用。甘肃省、陕西省和山西省种植地膜谷子达万亩以上,收到很好效果。要想种好地膜谷子,重点要抓好选种、整地、播种等环节。覆膜 要平整,膜要紧实,以亮播种孔错位,影响自然出苗,覆土防大风揭膜。

6.1.4.1 覆膜条件下品种的选择

在地膜覆盖条件下,谷子可种植在海拔 1800 m 的丘陵坡地,旱地以张杂谷 3 号、张杂谷 13 号及 19 号为宜,水分条件较好的地可选择张杂谷 5 号、10 号。

6.1.4.2 地膜覆盖栽培的特点及方法

整地:清除全部根茬、秸秆、石块、打碎坷垃,防止播种时扎破地膜,使土壤达到细透、平绒、上虚下实。

地膜选择:试验表明,选用黑色地膜升温效果好,且有抑制杂草的作用,一般推荐使用黑色膜。

播种:采用自制鸭嘴式播种机(仿玉米播种机)。二人操作播种机,沿地膜走向拉动播种机,一次播种 2~3 行,每天播种 50 亩,亩播量 0.5 kg。播后用脚踩压播种孔,不需覆土。这样,播种孔形成一个小坑,集水量可达降雨量的 4~5 倍,根系增加 1 倍以上。

行间距:采用幅宽 80 cm、厚 0.012 mm 地膜,便于回收和清除残膜。110 cm 幅宽地膜(膜上宽 60 cm,沟宽 50 cm),一膜 2~3 行。膜上种 3 行,间距 20 cm,种 2 行,间距 30 cm,穴距 25 cm,每穴播种 4~6 粒,保苗 2~4 株,不间苗。趁墒顶凌铺膜,盖住底墒。如果底墒不好,可进行寄籽播种。

6.1.5 田间管理技术要点

研究与实践表明,种植张杂谷应从间苗、中耕、除草等多个关键环节入手,才能保证高产、稳产,具体的田间管理要点有以下几点。

6.1.5.1 张杂谷间苗技术

谷子早间苗可减少谷苗拥挤,改善谷子光、水、肥的环境条件,有利于促进根系发育和壮苗形成。间苗时间以苗高 3～5 cm(3～4叶)为好,并按各品种特性一次性间苗至要求密度。切忌在谷子分蘖后间苗、定苗,一是不易留苗,很难分辨谷苗和分蘖,用工多,作业慢,增大劳动成本,二是幼苗变得瘦弱,出穗显著推迟,浪费热量资源,造成减产。

谷子杂交种由母本和父本杂交而成,通过制种生产出的种子分为两种,一种为真杂交种,田间表现为绿苗,产量高,另外一种为假杂交种,田间表现为黄苗,结实率低,混在一起会减产。生产中是通过专用药剂(如烯禾啶等)进行种子包衣或田间喷洒,杀死黄苗,留下真杂交种。但在特殊气候下,如春季遇到低温,种子在土壤中放置时间较长,专用药剂会失去作用,有的地块中出现绿苗中有黄苗的现象,这时可将黄苗拔除,留下绿苗。

6.1.5.2 张杂谷间苗适宜密度

张杂谷属大穗类型杂交种,穗长可达 40 cm,且分蘖率较高,因此栽培管理上要侧重发挥个体优势,掌握宜稀不宜密的原则。据多年实践结果,旱地亩留苗以 8000～10000 株为宜,水地亩留苗以 10000～12000 株为宜,在此范围内掌握肥水条件较好的地块宜密,地利比较差的田块宜根据实际经验稀植。如果按传统的 4 万株/亩留苗,很难发挥出谷子的杂交优势。

6.1.5.3 追肥保高产

张杂谷的根系发达,生长旺盛,吸收水、肥能力强。高产田要求追肥三次。第一次在5～6叶期,顺垄撒施尿素5 kg/亩,结合中耕、定苗将肥料翻入土壤中,促进多分蘖,增加亩穗数。第二次在拔节期,苗高33 cm左右时撒施尿素10 kg/亩,方法同上,促进拔节起身,促大穗。第三次在孕穗期,趁雨或结合灌溉追施尿素10 kg/亩,张杂谷5号、10号在灌浆期需再追施尿素5～7.5 kg/亩,增加有效谷码数,减少秃尖,提高结实率效果显著。

6.1.5.4 中耕对谷子的产量和品质的影响

中耕是一种传统的栽培管理方式,研究表明,中耕与免中耕相比作物株高明显增高。中耕可以使谷子株高增高、叶绿素含量增加。中耕对谷子的POD、SOD等保护酶的活性影响显著,可促进深扎根,从而可提高谷子的抗逆性。由于中耕消除了杂草对谷子的竞争作用,提高了谷子的营养水平和抗倒伏能力,进而使谷子的籽粒产量和粗蛋白含量显著提高。苗期土壤湿度大时,可进行深锄散墒,深度4～5 cm。干旱严重时,可浅锄保墒,此期可进行多次中耕。既可减轻杂草危害,又利于形成壮苗。

6.1.5.5 除草剂的选择和喷施要点

张杂谷专用除草剂能除去谷田中常见的一年生单、双子叶杂草,如马唐、稗草、狗尾草、牛筋草、马齿苋、反齿苋、藜等,实现了省工、省力,与传统种植谷子相比,显著减少了间苗和去除杂草的用工量。但苗后使用"张杂谷"专用除草剂需注意下列事项。

(1)使用时段和施用量要求严格

"张杂谷"专用除草剂为苗后内吸式除草剂,应在谷苗3～5叶期至拔节之前施用,杂草明显时使用。切忌在种子顶土时喷施,否则会抑制出苗,杀死幼苗。拔节期使用虽有除草效果,但会造成幼穗分化阶段出现畸形穗,影响谷子产量,抽穗期使用会造成谷子不结实现象。另外,除草剂施用量要严格控制,过少达不到控制效果,过多则容易抑制深扎根,造成生长点裸露在土壤表面的"躺苗"现象。

(2)使用方法

每亩用"张杂谷"专用除草剂 100 mL,兑水 45 kg 左右,均匀喷施;如地里阔叶草较多可以加入 2,4－丁酯(57%)30 mL(或者二钾四氯钠 56%可溶性粉剂 100 g)一起喷施(2,4－丁酯使用过量会出现不扎根现象)。喷施应选择空气湿度 65%以上的无风天,若在无露水的上午 9 点以前或下午 5 点以后使用更有利于提高药效;喷药时加防护罩,防止药物漂移到其他禾本科及阔叶作物上。注意"张杂谷"专用除草剂只能在"张杂谷"地里使用,其他谷子地里绝对不可使用,否则会出现大面积死苗现象。

6.1.5.6 多措并举,提高结实率

谷子生产中普遍存在着秕谷问题,一般达 15%～20%,重者则达 50%以上,张杂谷也不例外。其原因一是谷穗本身有一部分小花后期由于雄蕊发育受到障碍,不能授粉,成为空壳,还有的虽已授精,但灌浆中途受到障碍,停止灌浆,成为秕谷。二是与外界环境条件密切相关,如有效积温不够,开花期间遇到高温、阴雨连绵,都会导致授粉不良,灌浆期遇旱、涝灾,雨后暴晒、热伤,以及病虫危害;生育后期脱肥、倒伏、贪青、晚熟;连续低温,下霜较早,栽培不当等都可造成秕谷。要降低秕谷率,一是要坚持轮作倒茬,选用适合本地种植的优良品种。二是要加强田间管理,巧蹲苗,育壮苗,浇水避

开大风天气,防止倒伏;灌浆期遇旱,及时浇水,增施磷、钾肥,生育后期不脱肥。三是要做好干热风防治,根据天气情况适时滴水或叶面喷施磷酸二氢钾以缓解干热风的危害。

6.1.6 张杂谷收获技术要点

一般在有人力保障的小面积种植情况下,当谷子的颖壳变黄、籽粒变硬时,即可收获,可避免或减轻风磨鸟啄造成的损失。但此时收获需要晾晒后才能打碾入库,否则打碾困难,谷码中的籽粒不容易脱干净,打碾的损失过大,且谷粒的含水量太高,直接装袋容易发霉变质。谷草茎杆此时还是绿色,含水量大,容易发霉,很难销售形成收入。

在大面积种植时,需采用收割机械收获,黄穗绿杆阶段籽粒无法脱下,田间收割损失能超过20%,此时脱粒出来的谷码很多,机收茎杆阻塞机器,需要晒干后二次脱粒,发工费时。根据近几年在宁夏的推广示范情况,应在秋季霜冻杀青后一段时间,一般需7~10天,待谷穗、茎杆全干,谷粒很容易用手搓出来的时候开始机械收割。此时收割后的籽粒含水量相对较小,脱粒较干净,损失率可在10%~20%,且经过扬场、过筛、短暂晾晒后即可装袋。机收过迟,易遭受长时间鸟害和秋季大风降温天气,谷穗相互碰撞掉粒,损失也很大。

6.2 张杂谷对水肥料的要求

6.2.1 张杂谷对热量的需求

根据不同张杂谷品种在宁夏引种的表现,发现全生育期比原产地长 7~12 天。全生育期要求大于或等于 0 ℃积温 2772.5~2959.9 ℃·d。其中张杂谷 3 号、13 号,只要全生育期大于或等于 0 ℃积温 2772.5 ℃·d 即可成熟,覆膜种植更能提早成熟,对积温的要求下降至 2400 ℃·d。张杂谷对热量的需求虽然不高,但苗期不耐冻,低于 2 ℃的低温就会使其受冻,要格外注意。

6.2.2 张杂谷对水分的需求

根据水分试验结果,初步总结出张杂谷全生育期需水量为 378~472 mm,张杂谷 3 号、6 号、13 号和 19 号相对较少,其他生育期较长的品种需水量相对较多。但在 6 月下旬至 7 月上旬,若干旱少雨,张杂谷容易出现卡脖旱,造成秃尖,严重情况下谷穗结实长度可缩短 5 cm 以上,减产较大,因此关键发育期不能缺水。一般情况下,中部干旱带有灌溉条件的地方可灌溉 2~3 次,南部山区川台地可灌溉 1~2 次,张杂谷全生育期可基本保证不缺水。

6.2.3 对氮肥在张杂谷生长中的作用

氮是作物体内蛋白质的主要成分,没有氮,就不能形成蛋白质,没有蛋白质也就不可能有各种各样的生命现象。在作物体内,凡含蛋白质多的部分(如种子)含氮也多,含蛋白质少的部分(如衰老的茎秆)含氮也少。不仅如此,氮还是叶绿素和许多酶的成分。叶绿素是作物进行光合作用所必需的物质。而酶则是作物体内各种物质转化的催化剂。另外核蛋白、植物碱也都含氮。从而可看出,氮在作物营养上具有极其重要的作用。氮素供给过多,植物茎叶徒长,叶色暗绿,易造成贪青晚熟或后期倒伏;氮素供给不足,植物生长缓慢,叶片小,叶绿素少,呈黄绿色穗小粒少,空秕率高。在生产上氮素供给过多或不足都会造成作物显著减产。

一般来讲,在水分条件较好的情况下,苗期、拔节期和孕穗期施氮量分别为 5、10 和 10 kg/亩,可以使谷子产量达到 400 kg/亩以上。水分条件不足时,施氮量应酌情减。

6.2.4 磷肥在张杂谷生长中的作用

磷是作物体内核蛋白、磷脂和植物激素等的重要成分。作物体内碳水化合物的合成、水解和转移以及蛋白质的代谢等重要过程中,磷都是不可缺少的物质。磷能促进作物对硝态氮的吸收利用,因为磷能促进硝态氮在作物体内的还原作用。磷对作物的抗旱性也具有良好的影响,这主要是由于磷酸能降低蒸腾强度,减少水分的损失。另外,磷能促进作物根系的发育,加强了对水分的吸收,有利于抗旱。作物缺磷时根系不发达生长停滞,叶绿素减少,叶片变成紫红色。在生产上充分满足作物对磷素肥料的要求,对提高作物的品质和产量都具有很大意义。

研究结果表明,增施磷肥可以大幅度提高各草生物产量,同时可以增加植株的粗纤维和粗脂肪的单位面积产出量,施肥量在

$625\sim1875$ kg/hm² 为宜。

6.2.5 钾肥在张杂谷生长中的作用

钾在作物体内的作用是多方面的。钾能提高光合作用的强度，因而有利于糖类的合成，凡含糖和淀粉多的作物，如马铃薯、甜菜、甘薯、番茄等需要钾肥量大。钾能使细胞质充水膨胀，减少蒸发，增强作物的抗寒性。钾对作物的氮素代谢也有良好作用，因为钾加强了光合作用强度，碳水化合物增多，为蛋白质的合成提供了原料，同时加强了蛋白酶的活动。钾除具有上述作用外，还能增加作物厚角组织的强度，使茎秆生长强健，从而增强了作物抗倒伏的能力。在密植的情况下，要注意钾肥的施用，钾肥的施用量 $100\sim300$ kg/hm² 为宜。

6.2.6 氮磷钾的配比

氮、磷、钾三要素在作物营养上具有重要作用，三者之间有机联系，是不能孤立地来看待的。根据多年试验，谷子形成每千克产量需吸收氮 0.025 kg、磷 0.012 kg、钾 0.02 kg，可依据此施用复合肥。肥力的大小主要是决定于有效成分含量的多少，如硫酸铵含氮（有效成分以下同）为 20% 左右；尿素含氮量为 46%，因此 1 kg 尿素的效力比 2 kg 硫酸铵的效力还要大。

不同氮素化肥所含的有效成分不一样，必须根据所含有效成分的多少计算施用量，这样才准确可靠。否则，不是施用量过大，就是过小。用量过小则起不到增产作用。如用量过大，不但浪费肥料，而且使谷子贪青徒长，株高偏高，造成后期田间通风透光不良，谷穗小,空秕谷率高,产量低。如果苗期施用量过大,且没有有效降雨,甚至会出现烧苗、死苗现象。因此,旱作谷子一定要看天施肥,根据短期降水预报,抢在雨前或借雨追肥,才能发挥肥效的作用,避免重肥烧苗。

6.3 谷莠子形成原因及消除方法

谷子田间常见的谷莠子杂草,在植物学上叫做狐尾草。经研究证明它是谷子和狗尾草的杂种,也是谷子的伴生杂草。谷莠子和谷子同属禾本科狗尾草属,其幼苗和谷子相似,间苗时,容易被当做谷子留下来,使谷子单位面积株数减少,造成减产,而且易导致谷莠子蔓延,影响来年作物产量。

6.3.1 谷田莠子形成的原因

在田边地头,山坡荒地上,长有大量的莠子和狗尾草,成熟的种子随风或雨水进入农田,成为来年种子的种源。这种情况多发生在山区或丘陵地区,特别是低洼地发生严重。积肥时,会随草和土混入大量莠子的种子,其中大部分腐烂死掉,少部分仍有生活力,施到田里便可发芽出苗。带莠子的饲草,大部分种子经过家畜的胃肠消化后死去,也有一小部分可以存活,随粪肥施入田间也成为莠子的来源。这也是谷莠子难以彻底消除的重要原因之一。

谷莠子成熟早,易落粒,适应性广,生活力强。既可以在高水肥条件下生长,也可在干旱瘠薄条件下繁衍,成熟的种子在土壤中可存活两年以上,在管理粗放的矮秆作物农田中,往往长有大量谷莠子,其种子成熟后落入土壤中,即成为来年莠子的重要来源。

谷子虽然是自花授粉作物,但仍有1‰~5‰的天然杂交率。同一块地连年种谷子,易使莠草、狗尾草变本加厉的繁殖蔓延,同时使谷子和莠草、狗尾草自然杂交机会增多。农谚说:"重茬谷,守着哭""一年谷子,三年莠子",生动形象地说明了谷子连作的害处。

另外,宁夏中南部山区引黄扬黄灌溉用水,往往来源于黄河中上游黄土高原的农田和草地,谷子田灌溉后田间常快速滋生大量杂草,谷莠子是其中的主要外源性输入杂草之一。

谷莠子幼苗期和谷子特征相似,故称为"伴生杂草",田间管理留苗时易发生错留现象,造成谷子单位面积内的有效株数减少,严重影响了谷子产量。

6.3.2 防除措施

6.3.2.1 轮作

谷子和其他作物轮作,在种其他作物时,苗期即可将莠子除净,使来年莠子大为减少。种谷面积集中的地区如无条件进行作物间轮作,也可采用不同苗色的谷子品种轮作,以利间苗时剔除莠子。

6.3.2.2 加强田间管理

首先把好间苗关。莠子和谷子的幼苗虽然相似,但仍有明显的区别:一是谷莠子的每一片绿叶中间都有一条白色的叶脉,而谷子的叶片是全绿;二是谷莠子的秸秆扁而且有棱,谷子的秸秆是圆的;三是谷莠子对发芽的温度要求高,大量种子发芽出苗通常在20~30 ℃,而谷子发芽最低温度7~8 ℃,最高温度30 ℃。谷莠子胚芽鞘为红色,穿破胚芽鞘长出的第一片叶较宽,第二片叶有些长而窄,三、四片叶后开始分蘖。根据这些特征,即可剔除。如采用上述标准仍辨别不清,可在田间苗多处,就地深挖一墩带种子的谷苗,然后把土抖掉,这时可以看到带种子长根的谷苗,种皮发黄的是谷子,发黑的且瘦小的则是莠子。而后即可把它们作为参照物进行留苗。建议采用地膜穴播方式,谷子株行距清晰,而偏离植株正常位置的是谷莠子,除草难度低。

在选用新品种时,应了解品种的形态、颜色特征,以便结合除草,拔除异株,剔除莠子。抽穗后,谷子和莠子可明显分开,应在开花前及时拔除,既可减少当年危害又可防止来年莠子的蔓延。

秋深耕可以把地表的大部分杂草种子翻到 15 cm 以下土层中,使它们不能发芽出土,这是防除谷莠子及其他杂草的主要措施之一。秋施肥可熟化土壤,使有机肥料充分腐烂分解,消灭包括谷莠子在内的杂草种子。

以作物秸秆、杂草、畜粪为原料的有机肥,要经过高温腐熟,杀死杂草种子再施入农田。夏季结合高温堆肥,清除田边、地头、渠旁的杂草,荒地进行深翻灭草,都是减少下年莠子来源的有效措施。

6.3.2.3 选用适宜的除草剂

张杂谷系列谷田可选谷草灵、谷友、烯禾啶、拿扑净等专用除草剂,防除效果较好。使用时,要仔细阅读说明书并严格按说明使用,或在生产厂家以及专家指导下使用。

6.4 张杂谷主要病虫害

6.4.1 谷子白发病

谷子白发病又叫看谷老、白尖、黄枪、灰背等,是系统侵染病害,从谷子萌芽到植株抽穗均有发生。

发生规律:病菌借种子、肥料和土壤中残存的菌核,在种子萌发后出土前,侵入其非绿色部分的芽鞘,该病在干燥情况下可保持三年的生活力。

被害症状:幼苗被害后叶表变黄,叶背有灰白色霉状物,称为灰背。旗叶期被害株顶端三、四片叶变黄,并有灰白色霉状物,称为白尖。此后叶组织坏死,只剩下叶脉,呈头发状,故叫白发病,病株穗呈畸形,粒变成针状,称刺猬头。

防治适期:播种期、挑旗期。

防治方法:①在黄褐色粉末从病叶和病穗上散出前拔除病株。②采用40%敌克松粉剂、50%萎锈灵粉剂、50%地茂散粉剂拌种,每50 kg谷种用药350 g;也可用50%多菌灵可湿性粉剂、50%苯莱特可湿性粉剂拌种,每50 kg谷种用药150 g。两种方法效果都较好。

6.4.2 谷子黑穗病

谷子黑穗病属芽期侵染的系统性病害。

发生规律:病菌依附于种皮上越冬,第二年播种后由幼芽处侵入植物体内,后期破坏花器,在地温12~24 ℃时病菌均能致病。

被害症状:病穗短而直立前期灰白色,粒破裂后有黑粉散出。

防治适期:播种期。

防治方法:①选用抗病品种。②用50%多菌灵或40%拌种双可湿性粉剂拌种,每50 kg用药150 g。

6.4.3 谷瘟病

谷瘟病又叫串码、间码等,属于真菌病害类型,谷子为主要危害作物,全株都可感染。

发生规律:种子及谷草带病是主要侵染来源。阴雨有雾,空气潮湿,气温25 ℃左右时危害最重,氮肥过多,加重发病。

被害症状:叶片典型病斑为梭型,中央灰白或灰褐色,叶缘深褐色,潮湿时叶背面发生灰霉状物,穗茎危害严重时变成死穗。

防治适期:播种期,抽穗期。

防治方法:①选用抗病品种。②用阿普隆拌种,每50 kg谷种拌药150 g,或用1%石灰水浸种均能杀死种子所带病菌。③发病初期田间喷65%代森锰锌500~600倍液,或甲基托布津200~300倍液喷施叶面防治。

6.4.4 红叶病

谷子红叶病又叫红缨病,红毛病,倒青等,是由大麦黄矮病毒的一个株系引致。

发生规律:病毒由蚜虫和粟小缘蝽蟓等害虫传播,尤以玉米蚜虫最为普遍。种子和土壤不传病。病毒寄主有狗尾草、马唐、大画眉草、稗白草等,蚜虫只要在病株上吸食5分钟以上,就能携带病毒体染病,3~15天即可出现症状。一般早播谷田发病重,迟播的发病轻,不同品种发病率有显著差异,同时因地区、年份、气候不同而有变化。一般施肥多可以减轻危害,低洼地发病轻,阴坡比阳坡地发病轻,邻近小麦地的谷子发病重。

被害症状:谷子抽穗前,叶片及叶鞘逐渐变色,绿秆品种变为橙黄色,紫秆品种变为紫红色,向阳的一面穗颖和刺毛变为红色。叶面皱缩,叶片边缘呈波浪状,最上部叶片直立,感病早者不能抽穗或抽出的穗呈畸形,晚者虽能抽穗,但不能结实。

防治方法:①选用抗病品种。②冬季铲除田间杂草,消灭越冬病源。田间增施氮、磷、钾混合肥料,合理浇水,保持植株正常生长和发育,可以提高谷子抵抗力。③用40%乐果1500倍液喷雾,控制病毒源的传播。

6.4.5 粟灰螟

粟灰螟又叫谷子钻心虫,属鳞翅目,螟蛾科。

发生规律:一年发生两代,以幼虫在谷茬和谷草中越冬,第一代幼虫在6月中旬蛀茎,第二代幼虫在7月下旬至8月上旬蛀茎为害。

被害症状:以危害谷子为主,在接近地面处蛀秆入茎,造成枯心,第二代被害植株遇风易于倒折。

防治适期:5月下旬和7月上旬加强田间调查,当发现500茎谷苗有1块卵或千茎苗累计达5块卵时,应立即进行药剂防治。

粟灰螟卵的辨别方法:虫卵长约0.8 mm,椭圆形,扁平;表面有三角形网纹;初产时乳白色,孵化前灰黑色;每卵块有卵20~30粒,呈鱼鳞状,但排列较松散。产卵部位多集中在谷子苗由上向下的第

4~5叶片中部靠主脉处。

防治方法:①结合秋耕和春耕拾烧谷茬;对越冬谷草在清明节前铡碎或封闭处理;结合间苗拔除被害植株进行处理。②用菊脂类、敌百虫、氧化乐果、500701065乳油等药剂喷雾,一般在定苗后,拔节期连喷两次药。

6.4.6 谷三甲

谷三甲包括粟番死甲、粟茎跳甲、褐鳞斑叶甲这几种害虫。

发生规律:一年发生一代,以成虫在枯枝残叶上越冬,第二年危害刚出土或出土不久的谷苗。

被害症状:被害谷苗主茎枯心,根部形成大量分蘖,分蘖又可被害而再行分蘖呈现丛生,称之为"坐巴"。粟番死甲咬食新生的幼尖,造成大量的缺苗断垄。

防治适期:谷子开始出土时加强调查,发现被害株进行防治,第二次结合防粟灰螟进行。

防治方法:①压青尖,顶土期用砘子顺垄镇压。②成虫出现期内用50%辛硫磷800~1000倍液喷雾防治,或出现枯心苗时,在行间撒施辛硫磷毒土。

6.4.7 黏虫

黏虫又叫五色虫、行军虫、夜盗虫等,为鳞翅目,夜蛾科的一种昆虫,寄生于谷子等104种植物上,危害程度十分严重。

发生规律:一年发生二至三代,因地区和年度气候不同而有差别,发生于小麦抽穗至灌浆期,麦收后转移到玉米、谷子等大田作物地里。宁夏每年发生二代,系由江淮、关中等地随西南气流迁飞进入,本地出卵不能越冬。

被害症状:咬食作物的茎叶及穗,把叶吃成缺刻或只留下叶脉,或是把嫩茎或籽粒咬断吃掉。

防治适期:于5月中下旬用糖蜜诱杀器或谷草把诱杀成虫观察出现情况,在成虫高峰过后进行田间喷药防治幼虫。

防治方法:①利用成虫产卵的习性,每亩插7~8个小谷草把,每3天换一次,用谷草的叶子引诱上卵,撒下烧毁,效果良好。②用插杨柳条枝或谷草把诱集成虫,把成虫消灭在产卵之前。③在幼虫三龄前用50%辛硫磷药液喷雾。为防止发生严重地块的蔓延,可用挖沟封锁或喷药带封锁其四周。

6.4.8 谷子负泥虫

谷子负泥虫是中国重要的粮食害虫,属鞘翅目叶甲总科负泥虫科,严重影响谷子等禾本科作物的生长。

发生规律:在北方一年发生一代,以成虫潜伏在谷茬、田埂裂缝、枯草叶下或杂草根际及土内越冬。翌年5—6月成虫飞出活动、食害谷叶或交尾,中午尤为活跃,有假死性和趋光性,6月上旬进入产卵盛期,把卵散产在1~6片谷叶的背面,2~3片叶最多,卵期7~10天,初孵幼虫常聚集在一起啃食叶肉,有的身负粪便,幼虫共4龄,历期20多天,老熟后爬至土中1~2 cm处作茧化蛹,茧外粘有细土,似土茧,蛹期16~21天。羽化出来的成虫于9月上中旬陆续进入越冬状态。该虫在干旱少雨的年份或干旱年份的淤土地或雨涝年份的旱坡地易受害,早播春谷较迟播谷、重茬地较轮作地受害重。

被害症状：以成虫和幼虫在谷子苗期至心叶期危害叶片。成虫沿叶脉咬食叶肉，受害叶片形成白色条纹；幼虫多藏在心叶内取食嫩叶，一般 3～5 头，多则 20 头潜入同一株谷苗心叶里，使叶面出现白色条斑，受害严重时，造成枯心、烂叶或整株枯死。

防治方法：播种前用 40% 毒死蜱乳油按种子重量 0.2% 药量拌种，也可在播种时每亩用 3% 呋喃丹颗粒剂 2 kg 处理土壤。谷子出苗后 4～5 叶或定苗时，消灭成虫、兼治幼虫。在成虫发生高峰期和卵孵化盛期，用 40% 毒死蜱乳油 1500 倍液，或用 2.5% 高效氯氟氰菊酯乳油也可用 5% 甲维盐—辛微乳剂 1500 倍液喷雾，喷施于谷苗心叶内。

6.4.9 鸟害

宁夏是张杂谷新的示范推广区，在谷子成熟时，玉米、水稻等其他作物大都已经收获，各种鸟集中到谷子田间采食，甚至压垮谷杆，遮天蔽日。特推荐以下几种谷子鸟害防治方法。

6.4.9.1 土法防治

(1) 在谷子地里扎制假人预防鸟类啄食。采取扎假人、悬挂红飘带、人工驱赶等多种土法可预防鸟害。

(2) 把卫生球放在一个小纱布袋里，每袋 2～3 粒，然后按每亩 15～30 袋的比例均匀地挂放在将要成熟或成熟待收的谷子田里，每隔 15～20 天更换一次，直至收获，能有效地防止麻雀啄食谷粒。

(3) 用樟脑注射液 20 ml 兑水一壶喷雾，可有效防治谷子田鸟害，因樟脑有一种特殊气味，鸟闻之即飞离。

6.4.9.2 新型药剂驱避

(1)驱鸟剂(一闻跑)

由山东金山生物工程有限公司生产的一种新型植物源类生物制剂。以中草药为主要原料,与多种进口高浓缩微量元素、植物生长调节剂配合而成。配方科学、气味独特。对兔、鼠、鸟、羊等多种动物有极强的驱避作用。该制剂可缓慢持久的释放出几种特征香味气体,当家畜或鸟类闻到气味后即产生厌食反应;同时还影响家禽或鸟类的三叉神经系统,使其产生过敏反应,从而远离觅食、嬉戏、筑巢场所,使其记忆期内不会再来。稀释 1000~1500 倍液均匀喷雾到谷子田里。

(2)双宝牌驱鸟剂

该制剂由山东省蒙阴县因科瑞生物产品有限公司开发推广,为水溶性长效缓释生物制剂,安全无毒,可缓慢释放一种影响禽鸟中枢神经系统的芳香气味,使其记忆期内不会再来。用该剂兑水稀释 50~150 倍液,在清晨或傍晚均匀喷雾到谷子田里;也可兑水 5~10 倍,装于敞口瓶,在谷子地立杆挂瓶 50 个,缓释挥发气味驱鸟,每亩用量 100 g。

6.5 机械化简化栽培管理

我国西部土地资源多,劳动力少,雇工困难、用工成本高。这些地区在大面积栽培下适合机械化作业,可以做到省工、省时、高效。我们在多年大面积示范推广的基础上,总结了适合承包大户、专业合作社经营的机械化栽培管理方法,取得了很大示范推广效果。

6.5.1 秋季深翻蓄墒、施基肥,春季及时耙糖保墒

大面积栽培张杂谷,要在上年秋季就做好种植计划,确定土地后及时翻耕蓄墒,结合翻耕施入底肥效果最好。施肥量参照上述基肥的施用量,以农家肥为主。开春后,待气温稳定回升至 10 ℃以上,可开始旋地、糖地一次性机械操作,速度要快,要求把表层土壤整细,土坷垃要少,做到上虚下实,防止跑墒。切忌春季翻耕犁地,造成播种期表土水分散失,影响出苗率。

6.5.2 机械化播种技术

播前需要提前做好每批籽种的发芽率试验,根据每亩基本苗数、杂交种比例、千粒重和发芽率计算每亩播量,以出苗后不进行人工间苗、定苗为目的。播种时按照设计密度,按照谷种颗粒大小近似的颗粒有机肥计算掺入肥料的比例,也可掺入一定比例的低氮复合肥、磷肥等,切忌掺入尿素,以防烧苗。

播种可采用行距 30 cm 的谷子专用播种机播种,近年来以覆膜精量穴播机械为主,覆膜、覆土、镇压一次性完成。也可以采用小麦播种机播种,但要隔一个播孔堵一个播孔,以行距在 26 cm 以上为宜,最好调整到 30 cm 行距,以利于机械中耕除草。播种时要把播种深度控制在 4~5 cm,播种机后部要配备镇压轮,做到播种、镇压一次过,可提高出苗率,出苗整齐。切忌播种时不镇压提墒,造成车辙早出苗,轴间迟出苗的大小苗现象,使后期管理困难。

6.5.3 控制杂草、间苗、定苗

播种后要用化学除草剂进行封闭,可有效防止杂草,抑制田间杂草早出苗,降低除草成本。可采用 2,4—滴丁酯(2,4-D),配合烯禾啶等专用除草剂一次性进行土面封闭。注意在幼苗萌发后,特别是在幼芽接近地表、即将出土前不允许进行封闭,否则将杀死幼苗。

谷苗长到 5~6 片叶时,要及时用烯禾啶、拿扑净等专用除草剂进行喷施,除了控制杂草外还可以去除未杂交的黄苗,实现药剂间苗。此后不需要再进行人工间苗、定苗,控制人工成本。施用药剂时可与防止双子叶杂草的除草剂一并喷施,阻止或延迟后期杂草危害。注意在幼苗分蘖后(叶龄 8 片叶),不允许再使用专用除草剂,否则影响分蘖和穗分化,造成畸形。

6.5.4 施肥、中耕

采用小型除草机械,可在 5 叶期实施中耕,培土,注意操作要仔细,避免伤苗。如果没有小型除草机械,也可以用大型机械,5 片叶前苗不怕压,随后可以自己恢复直立,但自 8 叶后采用大型除草机械田间除草时需谨慎,以免伤苗。

追肥可在拔节期、抽穗期、灌浆前期分 2~3 次追施,前两次不能少,灌浆前期可视谷子是否脱肥选择追肥,既要保证灌浆,又要防止贪青晚熟。

6.5.5 机械收割

收割、打碾、脱粒、扬场、晾晒、过筛、装袋是一个完整的收割过

程,还包括捡田间的谷穗、田间捆扎、拉运谷草等后续工序,是全年最费工、费时和费钱的阶段,往往决定着是否盈利的关键。宁夏实施城镇化,农民没有打谷场地,按照东部小面积精细化种植管理的模式很难实现,必须走机械收割的道路。

采用收割机械收获,必须要等到秋霜杀过 7~10 天后,如果在穗部黄但茎杆绿的阶段机收,籽粒无法脱下,田间收割损失能超过 20%,甚至可达到 50% 以上。秋季霜冻杀青后一段时间,谷穗、茎杆全干,谷粒很容易用手搓出来的时候适合机械收割,收割后的籽粒含水量相对较小,脱粒较干净,损失率可在 10%~20%,且经过扬场、过筛、短暂晾晒后即可装袋。

田间的谷草可作为底肥翻入土壤,培肥地力。如果养牛养羊,可用刮草机、打捆机一次性操作,实现谷草收入。

第7章 宁夏适合栽培的张杂谷品种介绍

7.1 张杂谷3号

7.1.1 品种来源和特性

张杂谷3号是由张家口市农业科学院育成的谷子杂交种,其特点为抗旱、高产,2005年4月经全国谷子品种鉴定委员会鉴定通过。鉴定编号:国鉴谷20050070。

张杂谷3号生育期115天,绿苗绿鞘,单株有效分蘖率0~2个,株高162 cm,穗长25.8 cm,穗型棍棒状,单穗粒重23 g,千粒重3.1 g,抗病、抗倒、抗旱,黄谷黄米。经农业部谷物及制品质量监督检验测试中心(哈尔滨)测定:含粗蛋白11.12%,粗脂肪3.72%,粗淀粉65.59%,支链淀粉占淀粉含量的70.59%,胶稠度131 mm,糊化温度3.7级。经河北省农林科学院谷子研究所鉴定,抗白发病、黑穗病,对谷锈病属中抗偏重类型。

7.1.2　适宜地区及产量表现

适宜在河北张家口坝下，山西北部，陕西榆林，内蒙古呼和浩特，宁夏固原以北、彭阳县等大于或等于10 ℃积温2700 ℃·d以上的地区春播。灌溉条件下，一般亩产400~650 kg。2010年山西静乐县创造了平均亩产843 kg的高产新纪录。在宁夏目前表现的产量在旱作区183~300 kg/亩，喷灌栽培431~600 kg/亩。作为谷子抗病新品种在宁夏旱作农业区引种，避免在降雨量较大、容易引起谷子锈病重发的地区推广。张杂谷3号对抽穗扬花期高温干旱敏感，容易出现秃头，影响产量。

7.1.3　栽培技术要点

春播时间4月25日至5月底，亩播量0.3~0.5 kg。底肥一般亩施氮磷钾复合肥25 kg和有机肥2000~3000 kg。留苗密度，条播8000~12000株/亩。追肥，拔节期追施尿素10 kg，抽穗前追施尿素20 kg。

7.2　张杂谷5号

7.2.1　品种来源及特性

张杂谷5号由张家口市农业科学院选育而成。2008年2月经张家口市谷子品种鉴定委员会鉴定通过。鉴定编号：张市鉴谷2008001。该品种生育期125天，绿苗绿鞘，株高162.2 cm，穗长

25.6 cm,穗型棍棒状,谷码 105 个,结实性好,单穗粒重 22.4 g,千粒重 3.1 g,抗病、抗倒、喜肥水、白谷黄米,米质上乘,2004 年被评为国家一级优质米。经农业部谷物及制品质量监督检验测试中心(哈尔滨)测定:含粗蛋白 12.07%,粗脂肪 3.13%,粗淀粉 72.09%,支链淀粉占淀粉含量的 75.84%,胶稠度 122.5 mm,糊化温度 3.8 级。经河北省农林科学院谷子研究所鉴定,抗白发病、黑穗病,对谷锈病属中抗偏重类型。

7.2.2　适宜地区及产量表现

适宜地区在张家口市宣化、怀来、蔚县、阳原、怀安、万全、下花园等大于或等于 10 ℃ 积温 2800 ℃·d 以上地区春播,宁夏同心、海原北部及引黄灌区海拔 1800 m 以下的地区,特别是有灌溉条件的地区适合种植,但要避免在谷子锈病重发区推广。

亩产一般在 400～700 kg,最高可达 800 kg 以上。2009 年河北丰宁县创造了平均亩产 832 kg 的高产纪录,宁夏灌溉农田引种产量在 400 kg/亩以上,最高可达到 600 kg/亩。

7.2.3　栽培技术要点

春播时间 4 月 25 日—5 月 31 日,亩播量 0.35～0.5 kg。底肥一般亩施氮磷钾复合肥 25 kg 和有机肥 2000～3000 kg。留苗密度,10000～15000 株/亩。建议使用播种机穴播,每穴下种 10 粒左右,留苗 1～3 株,每亩 6000～8000 穴。拔节期追施尿素 10 kg,抽穗前追施尿素 20 kg。

7.3 张杂谷 6 号

7.3.1 品种来源和特性

张杂谷 6 号由张家口市农业科学院选育而成。2008 年 2 月经张家口市谷子品种鉴定委员会鉴定通过。鉴定编号：张市鉴谷 2008002。该品种生育期仅 110 天，是优质早熟高产谷子杂交种。表现为绿苗绿鞘，株高 152.2 cm，穗长 25.6 cm，穗型棍棒状，谷码子 105 个，单穗粒重 22.4 g，千粒重 3.1 g，抗病、抗倒、抗旱。黄谷黄米，品质优，适口性好。经农业部谷物及制品质量监督检验测试中心（哈尔滨）测定：含粗蛋白 11.3%，粗脂肪 4.29%，粗淀粉 66.87%，支链淀粉占淀粉含量的 73.46%，胶稠度 135 mm，糊化温度 3.7 级。经河北省农林科院谷子研究所鉴定，抗白发病、黑穗病，对谷锈病属中抗偏重类型。

7.3.2 适宜地区和产量表现

适宜在河北北部、内蒙古东部、东北地区北部、西北地区东部等大于或等于 10 ℃积温 2500 ℃·d 以上地区春播，宁夏南部山区大部、中部干旱带均可种植，北部灌区可作为粮食、饲草兼用型在麦收后种植，注意播种要加大播种量，以免出苗密度不足。旱地亩产 350～500 kg。2010 年山西静乐县创造了平均亩产 755 kg 的高产新纪录。在宁夏表现为早熟、丰产，但出苗比较困难，表现不稳定，需加大播种量。

7.3.3 栽培技术要点

春播时间可推迟至 5 月 20 日,亩播量 0.5~0.75 kg。底肥一般亩施氮磷钾复合肥 25 kg 和有机肥 2000~3000 kg。留苗密度,条播 8000~12000 株/亩。拔节期追施尿素 10 kg,抽穗前追施尿素 20 kg。

7.4 张杂谷 8 号

7.4.1 品种来源和特性

张杂谷 8 号由张家口市农业科学院选育而成。属夏播谷子杂交种。夏播生育期 90 天。绿苗绿鞘,株高 100~120 cm,穗长一般 25~33 cm,穗粒重达 50 g。抽穗至成熟 40 天,灌浆时间长。根系发达,耐旱抗倒,优质高产。黄谷黄米,色味俱佳,适口性好。

7.4.2 适宜地区和产量表现

适合在河北、山西、陕西、河南等地夏播。宁夏在中部干旱带及其北部灌区春播可正常成熟。河北省夏播区亩产可达 500 kg 以上。

7.4.3 栽培技术要点

在河北可以夏播,但在宁夏中部干旱带建议春播。播种期可推迟至 5 月 30 日。一般亩用种量 0.8 kg。行距 33.3~40 cm,播深 1~3 cm,留苗密度 20000~30000 株/亩,以密度争高产。长到 3~5

叶时,每亩用专用间苗剂 100 ml 加助壮素 10 ml、兑水 20~25 kg,均匀喷洒谷苗和地面。拔节期,亩追尿素 5~7.5 kg,二胺复合肥 7.5~10 kg,钾肥 10 kg。

7.5 张杂谷 9 号

7.5.1 品种来源及特性

张杂谷 9 号由河北省张家口市农业科学院育成。2008 年 12 月全国农业技术推广中心鉴定通过,鉴定编号:国品鉴谷 200800500。生育期 128 天,需大于或等于 10 ℃有效积温 2850 ℃·d 以上。绿苗绿鞘,单株有效分蘖率 0~2 个,株高 114.5 cm,穗长 23.7 cm,穗粒重 16.2 g,千粒重 3.09 g,穗型棍棒状,适应性强,较耐旱,稳产性好,根系发达,抗病抗倒,米质优良,达到国家优质米标准。

7.5.2 适宜地区和产量表现

适宜区域在河北省、山西省、陕西省、甘肃省北部及内蒙古、辽宁省等大于或等于 10 ℃积温 2850 ℃·d 以上地区春播,宁夏适合在中部干旱带及北部灌区种植,应适当早播,抗旱,喜肥水。一般亩产 400 kg,高产田达到 750 kg 以上。

7.5.3 栽培技术要点

每亩播种量 0.35~0.5 kg,适当早播。4~5 叶期一次性定苗,行距 25 cm,株距 20~22 cm,根据地力每亩留苗密度 12000~15000

株。结合定苗锄头遍地,亩施尿素 5 kg,拔节期追尿素 15~25 kg,抽穗期追施尿素 10 kg。注意防治苗期害虫和谷瘟病、谷锈病。

7.6 张杂谷 10 号

7.6.1 品种来源和特性

张杂谷 10 号由张家口市农业科学院选育而成。2009 年 3 月经全国品种鉴定委员会鉴定通过。鉴定编号:国品鉴谷 2009002。

生育期 132 天,绿苗株高 150 cm,棍棒型穗,松紧适中,穗长 23.9 cm,穗重 40.8 g,穗粒重 30.25 g,千粒重 3.0 g,出谷率 75.8%,黄谷黄米。综合性状表现良好,适应性强,稳产性好,抗病,抗倒,熟相好,抗除草剂,米质优良。张杂谷 10 号在 2009 年 12 月全国小米鉴评会上被评为一级优质米。经农业部谷物品质测试中心测定:含粗蛋白 11.13%,粗脂肪 2.65%,直链淀粉 19.93%,胶稠度 122 mm。

7.6.2 适宜地区和产量表现

适合在河北张家口坝下、山西北部、陕西榆林、甘肃、内蒙古赤峰、呼和浩特、宁夏北部灌区大于或等于 10 ℃ 积温 2800 ℃·d 以上的地区春播,注意防治红叶病。

大田种植一般亩产 500 kg,高产地块可达 800 kg。宁夏北部灌区引种产量可达 500 kg/亩。

7.6.3 栽培技术要点

张杂谷 10 号与常规谷子的栽培方法大同小异,并无根本性区别。相同之处包括选地、整地、追肥、浇水、病虫害防治、中耕等。不同点在于谷子杂交种只能种植 F1 代,若种植后代减产 30% 以上。播种量在考虑发芽率的基础上增加考虑真杂交率因素,因本品种杂交率较低,应增大播种量至 1 kg/亩,才能保障留苗密度,发挥出杂交优势。本品种适宜稀植,喜肥水。

7.7 张杂谷 12 号

7.7.1 品种来源与特性

张杂谷 12 号由张家口市农业科学院选育而成。米质优、口感好、抗性强。生育期 118~122 天,绿苗黄鞘,分蘖为 0~2 个,株高 150 cm 左右,穗长 24 cm。棍棒穗型,穗码排列较紧,千粒重 3 克,抗病、抗倒、抗旱,白谷黄米,口感好。

7.7.2 适宜地区与产量表现

适于河北中北部、山西、陕西、甘肃、内蒙古、宁夏、吉林、辽宁北部地区种植。宁夏大于或等于 10 ℃积温 2800 ℃·d 以上的地区春播。大田种植一般亩产 400~600 kg,宁夏灌区产量可达 500 kg/亩。

7.7.3 栽培技术要点

每亩播量 0.35~0.5 kg,播种深度 3~4 cm。地温 15 ℃以上播后 7 天查苗,地温 10 ℃以上 15 天查苗。3~5 叶期喷施专用除草剂,4~5 叶期为最佳定苗期,留苗密度 10000~15000 株/亩。底肥亩施农家肥 2000 kg,磷酸二铵 20 kg,拔节期追施尿素 15~25 kg/亩,灌浆期追施尿素 10 kg/亩。5 月下旬至 6 月上旬防治谷子一代钻心虫;高温多雨注意防治谷子锈病。

7.8 张杂谷 13 号

7.8.1 品种来源与特性

张杂谷 13 号由张家口市农业科学院选育而成。特点:早熟,口感好,售价高。由于其糯性强,是目前市场上最畅销的谷子品种。生育期 113~116 天,早熟,绿苗黄鞘,分蘖 0~2 个,株高 140 cm 左右,穗长 24 cm。棍棒穗型,穗码松紧适中。千粒重 3 g,抗病抗倒抗旱。

7.8.2 适宜地区与产量表现

适于河北中北部、山西、陕西、甘肃、内蒙古、宁夏、吉林、辽宁北部地区种植。宁夏大于或等于 10 ℃积温 2600 ℃·d 以上的地区春播。大田种植一般亩产 400~600 kg,宁夏灌区产量可达 500 kg/亩。

7.8.3 栽培技术要点

每亩播量 0.3~0.5 kg 以上,播深:3~4 cm,地温 10 ℃以上播后 15 天查苗。4~5 叶期为最佳定苗期,留苗密度 10000~15000 株/亩。底肥亩施农家肥 2000 kg,磷酸二铵 20 kg,拔节期追尿素 15~25 kg/亩,灌浆期追尿素 10 kg/亩。5 月下旬至 6 月上旬防治谷子一代钻心虫;若遇阴雨寡照需防治谷瘟病;高温多雨注意防治谷子锈病。

7.9 张杂谷 19 号

7.9.1 品种来源与特性

张杂谷 19 号由张家口市农业科学院选育而成。幼苗绿色,叶鞘绿色,春播生育期 116 天,株高 121.99 cm,穗长 25.3 cm,棍棒穗型,松紧适中。单穗重 25.20 g,穗粒重 18.27 g,出谷率 72.5%,出米率 79.5%,千粒重 3.01 g,黄谷黄米。单株分蘖 3~6 个,可使用拿捕净除草剂。

7.9.2 适宜地区与产量表现

适宜于内蒙古、宁夏、陕西、吉林、黑龙江、辽宁、河北等的大于或等于 10 ℃积温 2450 ℃·d 以上地区春播种植。张杂谷 19 号是极度抗旱品种,适宜在年降水 250~400 mm 地区种植,大田种植一般亩产 400~600 kg。

7.9.3 栽培技术要点

春播时间 4 月 25 日至 5 月底,亩播量 0.25~0.4 kg。建议使用播种机穴播,每穴下种 12 粒左右,留苗 3~5 株,每亩 3000~6000 穴。追肥,拔节期追施尿素 10 kg,抽穗前追施尿素 20 kg。

参考文献

曹丽,王宗胜,2019.张杂谷系列 6 个品种在平凉旱塬区引种初报[J].甘肃农业科技(08):49-52.

范光宇,张丽娜,冯小磊,等,2019.张杂谷 13 号选育及应用[J].种子,38(03):120-122.

方志明,2010.张杂谷 3、5 号免间除草配套技术要点[J].河北农业(02):14.

冯小磊.抗旱节水杂交谷子 DH2(张杂谷 19)抗旱性状分析[C]//中国作物学会.2017 年中国作物学会学术年会摘要集.中国作物学会:1.

伏艳春,陈莺,高玉芳,2018.张杂谷品种在白银市引种试验初报[J].中国种业(10):51-55.

韩志娟,于建清,2012.张杂谷 8 号高产栽培技术[J].种业导刊(04):12-13.

何太,侯保俊,贾存青,2013.大同市张杂谷高产栽培技术[J].农业技术与装备(14):35-36.

胡英梅,2015.张杂谷 5 号品种特性及栽培技术[J].农村科技(08):10-11.

李顺国,刘斐,刘猛,等,2014.我国谷子产业现状、发展趋势及对策建议[J].农业现代化研究,35(05):531-535.

李艳春,杨建玲,朱晓炜,2015.赤道中东太平洋关键区海温对宁夏春季降水的影响[J].干旱区地理,38(06):1087-1094.

刘丹,2018.烯禾啶对张杂谷 10 号的光合生理影响及残留检测研究[D].晋中:山西农业大学.

刘冬梅,杨翠萍,赵志会,等,2012."张杂谷"病虫害防治技术[J].天津农林科技(06):25.

卢海博,龚学臣,赵治海,等,2013.干旱胁迫对张杂谷系列杂交谷子生理指标的影响[J].湖北农业科学,52(18):4322-4324.

马春姣,宋韶帅,何俊涛,等,2014.谷子新品种张杂谷10号配套栽培技术[J].现代农业科技(15):34,40.

潘进红,张景斌,常磊,2015."张杂谷"谷子全程机械化生产技术[J].现代农村科技(05):10-11.

彭爱国,刘晓琴,彭豆豆,2014."张杂谷"生长的气象条件[J].吉林农业(18):74.

彭爱国,彭豆豆,2015."张杂谷"生育期的农业气象条件[J].吉林农业(20):117-118.

宋国亮,赵治海,2018.优质谷子新杂交种张杂谷16号[J].种子,37(05):116-117.

宋国亮,赵治海,冯小磊,2017.张杂谷9号高产配套栽培技术研究[J].河北农业科学,21(05):1-3,26.

孙欣,2009."张杂谷"系列杂交谷子品种介绍[J].种子世界(04):47-48.

王东明,2018.不同类型地膜覆盖对谷田土壤水分和温度及张杂谷10号生长的影响[D].晋中:山西农业大学.

王桂芳,常耀军,何云,等,2017.不同品种张杂谷覆膜穴播适应性研究[J].宁夏农林科技,58(01):24-26,2.

王桂霞,何新辉,李昌明,2014.张杂谷高产栽培技术[J].农村科技(06):16-17.

王海滨,刘丽青,2009.浅析张杂谷8号谷子高产栽培技术[J].农业技术与装备(24):25,27.

王俊玲,2010."张杂谷3号"的特征特性及优质高产栽培技术[J].山西科技,25(03):137,139.

王连喜,李菁,李剑萍,等,2011.气候变化对宁夏农业的影响综述[J].中国农业气象,32(02):155-160,166.

王士军,2013.冀西北地区张杂谷害虫发生特点与综合防治技术[J].河北北方学院学报(自然科学版),29(04):45-48.

王彦慈,2010.张杂谷8号高产配套栽培技术[J].河北农业(05):8-9.

魏玮,赵芳,张晓磊,等,2019.张杂谷谷子主要农艺性状与产量的灰色关联度分析[J].农业科技通讯(09):182-188.

武俊山,王秉义,贾艳荣,等,2009."张杂谷"春播栽培技术[J].种子科技,27(12):38-39.

许豫南,2018.河北省"张杂谷"产业发展现状及分析[J].种子科技,36(04):9-10.

闫政东,郭平毅,原向阳,等,2018.叶面喷施氮肥对张杂谷10号光合特性及产量的影响[J].山西农业大学学报(自然科学版),38(02):37-41.

杨建勇,2010.张杂谷3号高产栽培技术[J].种子科技,28(01):43-44.

杨荣香,2010.浅谈"张杂谷3号"的推广及栽培技术[J].现代农业(12):66-67.

杨阳,2017."张杂谷":小谷粒成了"金疙瘩"[J].中国农村科技(09):12-13.

叶世峰,2015.不同留苗处理对张杂谷产量的影响[J].农民致富之友(08):131.

叶世峰,史高雷,赵治海,等,2014.张杂谷抗旱性研究进展[J].种子世界(07):25-26.

叶世峰,杨建勇,刘粤阳,2015."张杂谷"种植关键技术[J].中国农业信息(12):77,79.

袁海燕,张晓煜,徐华军,等,2011.气候变化背景下中国农业气候资源变化Ⅴ.宁夏农业气候资源变化特征[J].应用生态学报,22(05):1247-1254.

张杰,2009."张杂谷5号"栽培技术[J].河北农业(03):8-9.

张杰,张功友,刘博,2010.张杂谷在承德地区引进示范及分析[J].河北农业(06):13-14.

张佩,2014.张杂谷8号高产配套栽培技术[J].河北农业(08):12-13.

张淑琴,舒志亮,张慧,等,2016.张杂谷系列谷子品种在平罗县引种试验初报

[J].宁夏农林科技,57(01):10-12.

张新仕,2011.张杂谷品种经济效益与推广影响因素的实证研究[D].保定:河北农业大学.

张永芳,王润梅,于国玲,2018.高产谷子张杂谷 3 号在晋北地区的形态、生理指标研究[J].种子,37(05):118-121.

赵冶海,2003.张杂谷 1 号[J].河北农业科技(05):16.